大学入学共通テスト

生物基礎

の点数が面白いほどとれる本

駿台予備学校講師
伊藤和修

＊この本には「赤色チェックシート」がついています。

はじめに

▶大学入学共通テスト『生物基礎』はどんな試験？

大学入学共通テスト『生物基礎』では，知識や技能に加えて思考力や判断力が要求されます！

「思考力って何ですか？どうやったら身に付きますか？」

そういう不安を感じるのはごもっともです。思考力や判断力という言葉は，雰囲気は何となくわかるけど，具体的にどんなものなのかわかりませんよね。

▶思考力や判断力を伸ばせるような書籍を作りました！

思考力や判断力を確実に伸ばせる参考書や問題集が必要となります。

(1) 思考力や判断力は，質の高い知識の上に成立します。

⇒ 理解を伴わない丸暗記，興味や関心を持たずに嫌々詰め込む知識などは，ちょっと切り口を変えられた問題が出題されたら，役に立たないレベルの知識です。

本書は，生徒キャラとの会話形式の文章を挟みながら，**読者の皆さんに興味を持ってもらえるような工夫を随所に施してあります**。さらに，**「なるほど！そうなんだ，すごいなぁ！」と思ってもらえるように書かれています**。

(2) 思考力や判断力は，論理的な作業の繰り返しで伸ばせます。

⇒ 「よく考えよう！」「ちゃんと読もう！」というような威勢の良い掛け声や「集中っ！！」というような気合いや根性でどうにかなるものではありません。

本書は，「こういうときは，●●に注意しよう！」「グラフは，△△に注意して・・・」というように，具体的なポイントを示しています。**思考力，考察力というのは，論理的な作業を素早く進められる力**なんですね。本書の後半では，このような力を効率よく鍛えられる問題が掲載されています。

▶受験生へのメッセージ

「知識を詰め込めばよい」という誤ったイメージを持たれがちなのが『生物基礎』です。突然「思考力を要求する」と言われて不安になっている多くの受験生の皆さんを，楽しく，正しく，最短ルートで高得点に導くことのできる書籍になったと自負しています。

文章の雰囲気はユルイ感じで読みやすく，しかし，内容は極めて真面目に書かれています。安心して，この１冊に取り組んでください。そして，皆さんが高得点をゲットし，第一志望の大学に合格されることを願っています！

最後になりますが，本書を作成する上で大変お世話になりました㈱KADOKAWAの尾関智彦様，いつも原稿を美しく仕上げて下さる田辺律子様に，この場を借りて御礼申し上げます。

伊藤　和修

もくじ

第2章　遺伝子とそのはたらき

第3章　生物の体内環境

第4章　植生の多様性と分布

第5章　生態系とその保全

第6章　「考察力」をアップするスペシャル講義

本文デザイン
長谷川有香（ムシカゴグラフィクス）
イラスト
たはら ひとえ

この本の特長と使い方

重要な項目はしっかりと赤囲みでまとめています。解説文とあわせて読んでください。

❺胆汁の生成

胆汁(たんじゅう)は**胆管**を通して十二指腸に分泌され，脂肪の消化を助ける。

❻古くなった赤血球の破壊

赤血球の分解産物は，胆汁中に排出される。

❼発熱

さまざまな代謝により発熱し，体温の保持に関わる(⇒ p.83)。

胆汁については説明を追加します！

胆汁には，肝臓の**解毒作用**によって生じた不要な物質や，ヘモグロビンを分解して生じた**ビリルビン**とよばれる物質などが含まれています。胆汁は，いったん**胆のう**に貯められ，食物が十二指腸に達すると放出され，小腸での脂肪の消化・吸収を促進します。

ビリルビンは強い褐色の色素なんだ！ ビリルビンの多くはそのまま腸を通って…，体外に出ていく。
これが「う●ち」の基本カラーになる。

およびですか？

いや…，君をよんだ覚えはない !!

直前の解説文の内容が理解できていれば十分に解けるはず！間違えたときは直前の解説文も読むようにしましょう。

チェック問題 1　基本　1分

ヒトの肝臓の機能についての記述として正しいものを，次の①～④のうちから二つ選べ。

① タンパク質を合成して，血しょう中に放出する。
② 胆汁を貯蔵して，十二指腸に放出する。
③ 尿素を分解して，アンモニアとして排出する。
④ 発熱源となり，体温の保持に関わる。

(オリジナル)

62　第3章　生物の体内環境

共通テスト「生物基礎」の中で必要な知識を、その背景を整理しながらまとめています。単に暗記するのではなく、理解しながら覚えられるように構成しています。また、解説を読んだうえで問題に取り組み、実際の共通テストの形式での知識の使い方に慣れていきましょう。これで本番でもしっかり得点が取れます！

解答・解説

①，④

胆汁をつくるのは肝臓ですが，貯蔵する場所は胆のうでしたね。よって，②は誤りです。また，肝臓ではアンモニアから尿素をつくります。よって，③も誤りの記述となります。

なお，④については体温調節（⇒ p.83）のしくみを学んでしまえば，正しい記述だと容易に判断できるようになります！　しばし，お待ちください。

3 腎臓の構造

次の腎臓の断面図を見てごらん！　腎臓の形…，何かに似ていると思わない？

えっ!?　えぇ〜っと…，私の家のテーブルがこんな形してます！

まぁ，そうなのかもしれないけど（汗）。豆！　豆の形に見えないかな？
腎臓は英語で kidney，インゲンマメは英語で kidney bean だ！　腎臓みたいな形のマメってことだね。

会話文には皆さんの疑問や暗記を助ける知識もありますので、楽しみながら読んでください。

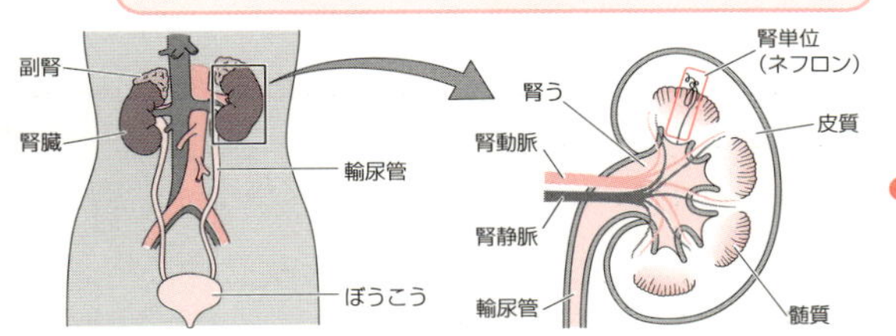

教科書でも見る重要図版の中でも特に重要な図版をたくさん掲載しています。

腎臓は腹部の背側の左右に1対存在する臓器で，尿をつくっています。右半身には肝臓があるので，右側の腎臓のほうがちょっと下にあります。腎臓には**腎動脈**，**腎静脈**，**輸尿管**がつながっています。腎臓は皮質，髄質，**腎う**という3つの部分から構成されていて，つくられた尿は腎うに溜められ，輸尿管によって**ぼうこう**に運ばれます。

3　肝臓と腎臓　　63

生物の多様性と共通性

1 生物の多様性

地球上にはさまざまな生物がいるよね！

現在，地球上には約190万種もの生物が確認され，名前がつけられています。実際には，発見されていない**生物**が多くいるので，実際の**種**（しゅ）の数は数千万を超えるともいわれているんですよ。

「種」って，何かわかるかな？

「種」というのは生物を分類（←グループ分けすること）する際の基本になる単位で，一般には同じ種どうしであれば子孫を残していくことができます。

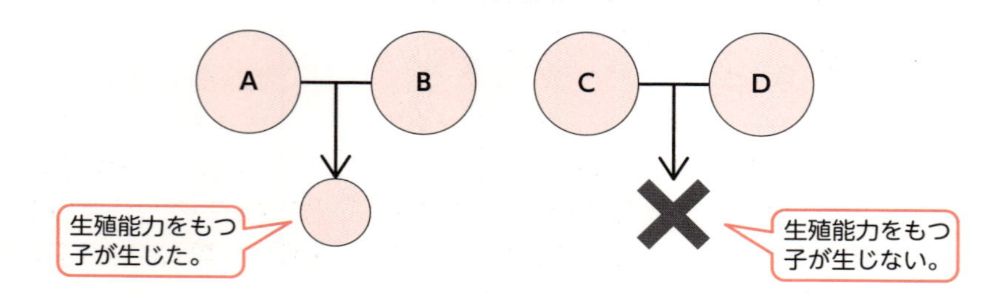

A と B は同じ種，C と D は別の種ですね！

2 生物の多様性と進化

こんなに多くの種がいるのは，なぜかな？

長〜い，長〜い時間をかけて世代を経ていくなかで，生物は少しずつ変化してきました。これを**進化**といいます！　生物は進化の過程で，祖先にはなかった新しい形質を獲得し，さまざまな環境に生活の場を広げてきました。その結果として，地球上には，さまざまな種が存在するんですよ。

ある種は陸上の生活に適応し……，別の種は水中での生活に適応し……，というようにです。

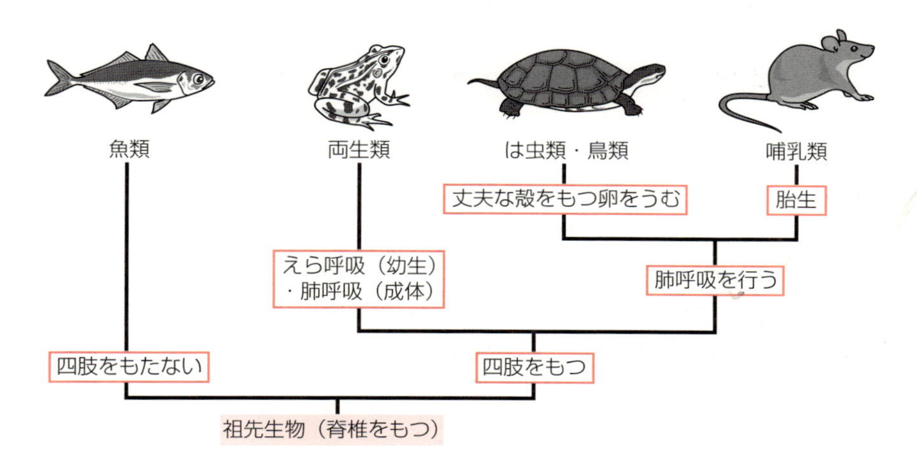

上の図は**系統樹**（けいとうじゅ）といいます。生物が進化してきた道筋のことを**系統**というんですが，これを樹木のような図で表現したものが系統樹です。わかりやすいでしょ？　上の図を見ると，僕たち哺乳類にとって，は虫類は魚類よりも近縁だということが一目瞭然！

3 生物の共通性

生物には多様性があることはわかってもらえたと思います。しかし，生物には共通性があり，どんな生物にも共通する特徴がいくつもあります。代表的なものを次のページに列挙します！

❶ 細胞をもつ。
❷ DNA をもつ。
❸ 代謝を行う。
❹ ATP をつかう。
❺ 体内の状態を一定に保つしくみをもつ。

詳しい内容はあとの章で説明します！

ウイルスっていうのは生物なんですか？

ウイルスは生物としての特徴の一部だけをもつものなので，一般には生物として扱われません。しかし，「生物と無生物の中間的な存在」という微妙な存在として扱われることもあります。

細胞の構造

1 原核細胞と真核細胞

どんな原核生物を知っていますか？

細胞には核をもたない**原核細胞**と，核をもつ**真核細胞**があります。原核細胞でできた生物が**原核生物**，真核細胞でできた生物が**真核生物**です。原核細胞は**核**をもたないだけでなく，葉緑体やミトコンドリアなどの**細胞小器官**ももっていません。

原核生物の代表例としては**大腸菌**，**ユレモ**，**イシクラゲ**などの**細菌**があります。ユレモとイシクラゲは，**シアノバクテリア**とよばれるグループに属しており，葉緑体をもっていませんが，光合成をします！

大腸菌は右の図のような構造をしています。DNAはもちろんですが，細胞壁やべん毛をもってます。

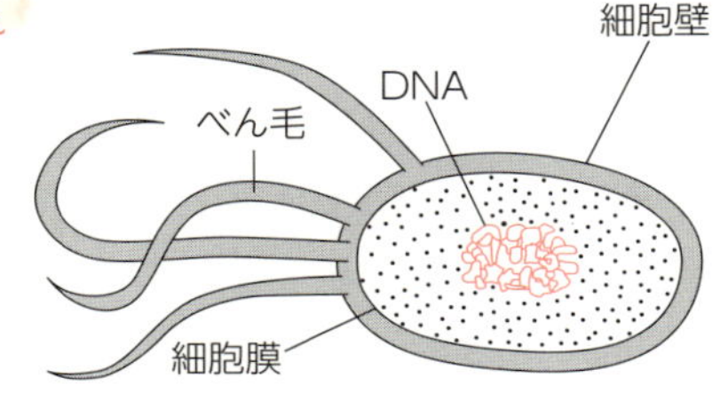

大腸菌

2 真核細胞の構造

まずは，植物細胞と動物細胞の模式図を見てみましょう！

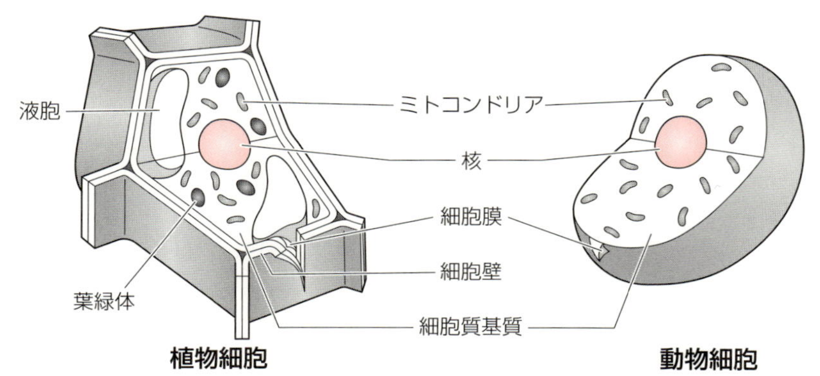

細胞は**細胞膜**に包まれています。これは原核細胞でも同じですね。細胞膜は厚さが5～10nm ほどで，細胞膜を通ってさまざまな物質が細胞に出入りしています。ちなみに，**1mm ＝1000μm**（マイクロメートル）＝**1000000nm**（ナノメートル）という関係ですよ。

植物細胞や多くの原核細胞では細胞膜の外側に**細胞壁**があります。植物細胞の細胞壁は**セルロース**という糖（炭水化物）が主成分で，細胞の保護，細胞の形の維持などのはたらきを担っています。

「-ose」は糖（炭水化物）という意味だよ！
セルロース，グルコース，リボース……，などがあるね。

❶ 核

真核細胞には，ふつう1個の**核**があります。核の中には DNA があり，DNA はタンパク質と結合して**染色体**の状態で存在しています。染色体は**酢酸オルセイン**などで染色できますね。

❷ 細胞質

細胞の核以外の部分を**細胞質**といいます！　細胞質にはミトコンドリアなどの細胞小器官があり，それらの間を**細胞質基質**という液体が満たしています。細胞質基質は流動性があるので，その流れにのって細胞小器官が動いている様子を観察することができます。このような現象を**原形質流動**（細胞質流動）といいます。

●ミトコンドリア

ミトコンドリアは長さが1～数μm で，**呼吸**（⇒ p.25）によって有機物を分解してエネルギーを取り出すはたらきをしています。実は…，ミトコンドリアには核とは異なる独自の DNA があるんです！

「mitos-」は糸，「khondros」は粒っていう意味。ミトコンドリア（mitochondria）は糸状または粒状など様々な形をとる細胞小器官だよ！

●葉緑体

葉緑体は直径が5～10μm の紡錘形や凸レンズのような形をしており，**光合成**（⇒ p.25）を行っています。**クロロフィル**っていう緑色の色素があるので，緑色に見えるんです。そして…，葉緑体にも独自の DNA があります！

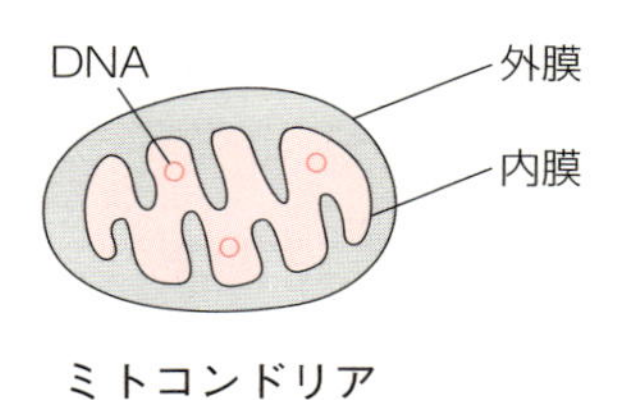

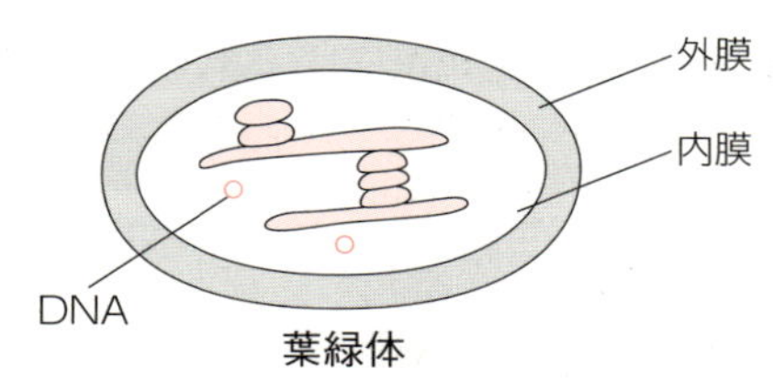

●液胞

液胞(えきほう)は液胞膜で包まれた細胞小器官で，内部は**細胞液**という液体で満たされています。細胞液には糖や無機塩類などが含まれていて，成長した植物細胞では特に大きくなります（右の図）。植物によっては**アントシアン**という赤・青・紫色の色素が含まれています。

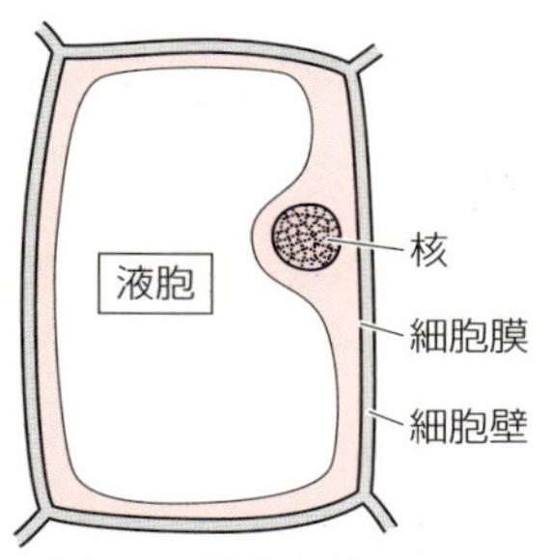

成長した植物細胞

確かに，シアン(cyan)って青色ですもんね！

3 細胞の構造のまとめ

どの生物がどんな細胞小器官をもつのか整理しましょう！

どの生物がどの細胞小器官をもつのかについて，代表的な生物について表にまとめておきます。

なお，大腸菌やユレモは細菌で原核生物。**酵母**(こうぼ)は菌類というグループに属しているカビ・キノコのなかまで，真核生物です！　**ゾウリムシ**や**ミドリムシ**は真核生物で，1つの細胞からなる単細胞生物として有名です。

	細胞膜	細胞壁	核	ミトコンドリア	葉緑体
大腸菌	○	○	×	×	×
ユレモ	○	○	×	×	×
酵母	○	○	○	○	×
ゾウリムシ	○	×	○	○	×
ミドリムシ	○	×	○	○	○
ヒト	○	×	○	○	×
サクラ	○	○	○	○	○

注：表中の○は存在すること，×は存在しないことを意味します。

下の図は，細胞などの大きさをまとめた図です。

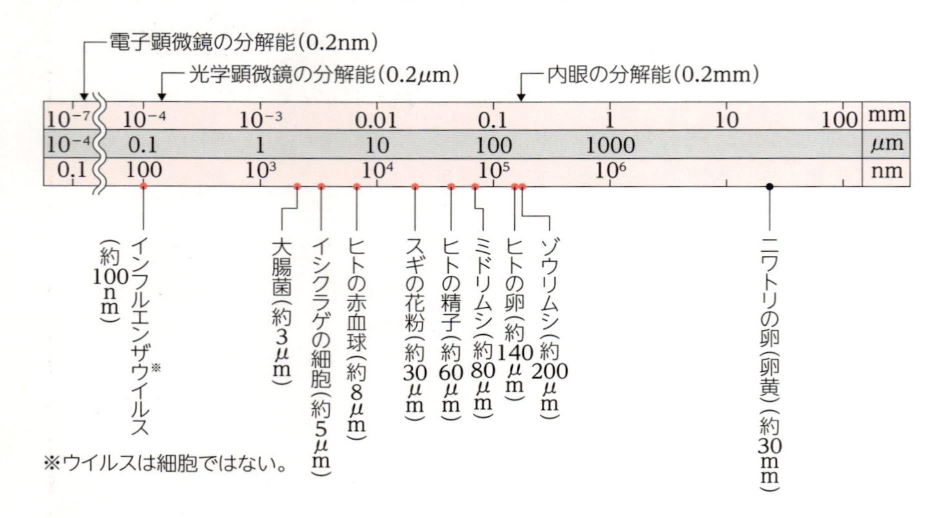

なお，「顕微鏡の分解能」というのは，「接近した2点を2つの点として識別できる2点間の最小距離」という意味で，「どれくらい小さいものまでシッカリと見えるか？」ということです。

一般に細胞は小さいので，肉眼ではなかなか見えませんね。でもニワトリの卵（←タマゴの黄身のこと）などは，細胞内に卵黄をいっぱい蓄えて，膨らんでいるので，30mm のサイズになります。

また，ヒトの赤血球は核やミトコンドリアをもたない（⇒ p.46）ので，かなり小さい細胞なんです！

ふつう，ウイルスは光学顕微鏡では見えないサイズなんですね！

そうそう，そういうイメージが大事なんだよ！

原核細胞は，やっぱり真核細胞より小さい！

うんうん，いい感じだね！

チェック問題 1　基本　3分

問1　生物の共通性についての記述として**誤っているもの**を次の①～④のうちから一つ選べ。

① すべての生物は細胞からできている。
② すべての生物は遺伝子としてDNAをもつ。
③ すべての生物は代謝を行い，ATPによりエネルギーの受け渡しを行う。
④ すべての生物の細胞には核が存在する。

問2　すべての生物に共通して含まれる物質を，次の①～⑥のうちから，すべて選べ。

① ATP　② クロロフィル　③ セルロース
④ DNA　⑤ ヘモグロビン　⑥ 水

問3　真核細胞からなる単細胞生物を，次の①～⑥のうちからすべて選べ。

① ゾウリムシ　② オオカナダモ　③ 酵母
④ ユレモ　⑤ エイズウイルス　⑥ 大腸菌

（センター試験　本試験・改）

解答・解説

問1 ④　**問2** ①，④，⑥　**問3** ①，③

問1　原核生物は核をもたない生物でしたね。原核生物がいますので，④の記述が**誤り**です。

問2　ATPはすべての生物が細胞内でエネルギーの受け渡しに使う物質です。また，DNAはすべての生物がもっています。意外と盲点なのは水です。言われてみれば当たり前なんですけど，水を含まない生物っていませんよ！　例えば，すべての生物にある細胞質基質を考えてみましょう。水にさまざまな物質が溶けていて，水を含んでいますよね。

問3　②のオオカナダモ（右の図）は被子植物で，立派な多細胞生物です。④のユレモと⑥の大腸菌は細菌なので原核生物です。⑤のウイルスは生物ではありませんね。

チェック問題 2

3種類の生物の細胞の特徴を表に示した。 ア ～ ウ に入る生物の組合せとして最も適当なものを，下の①～⑥のうちから一つ選べ。

	ア	イ	ウ
核	−	＋	＋
細胞壁	＋	＋	−
細胞膜	＋	＋	＋
ミトコンドリア	−	＋	＋
葉緑体	−	＋	−

＋：あり　−：なし

	ア	イ	ウ
①	ヒト	酵母	大腸菌
②	シアノバクテリア	カエル	ヒト
③	大腸菌	ススキ	カエル
④	カエル	酵母	シアノバクテリア
⑤	シアノバクテリア	ススキ	大腸菌
⑥	大腸菌	シアノバクテリア	カエル

（センター試験　追試）

解答・解説

③

アから順に吟味(ぎんみ)していきましょう！　**ア**は核がないから原核生物と考えられます。①と④はダメですね。

イは細胞壁と葉緑体があるので，植物と考えられます。よって，②と⑥もダメです。なお，右の写真はススキです！

ウは核があり，細胞壁や葉緑体がないので，動物と考えられます。ということで，解答は③と決められます。

第１章　生物の特徴

エネルギーと代謝

1 代謝とエネルギーの出入り

生物が行う化学反応全般を**代謝**（たいしゃ）といいます。代謝のうちで複雑な物質を単純な物質に分解してエネルギーを取り出す過程を**異化**（いか），これとは逆にエネルギーを取り込んで単純な物質から複雑な物質を合成する過程を**同化**（どうか）といいます。どんな生物も異化と同化の両方を行っています。**呼吸**は異化の代表例，**光合成**は同化の代表例です。

異化と同化は次の図のようなイメージです。

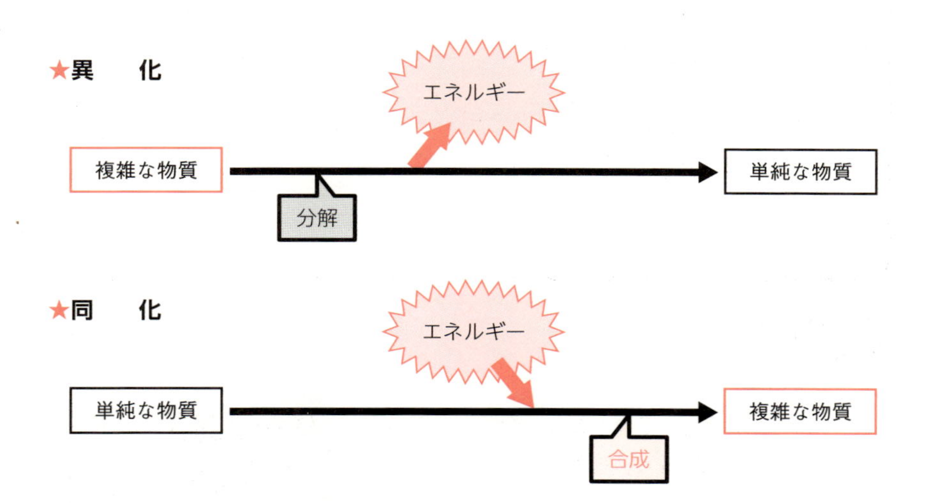

光合成をする植物やシアノバクテリアのように，外界から取り入れた無機物から有機物を合成して生活できる生物を**独立栄養生物**（どくりつえいようせいぶつ）といいます。これに対して，動物や菌類のように，無機物のみから有機物をつくれない生物を**従属栄養生物**（じゅうぞくえいようせいぶつ）といいます。

2 ATP

ATP は**アデノシン三リン酸**という物質です。すべての生物で，代謝に伴うエネルギーの受け渡しを ATP が行っています！

これから「光合成」や「呼吸」を学んでいくなかで，ATP がエネルギーの受け渡しの仲立ちをしているイメージがつかめます！

ATP は**塩基**（えんき）（⇒ p.29）の一種である**アデニン**と，**リボース**が結合した**アデノシン**に3個のリン酸が結合した化合物です。

語尾が「-ose」ですから，リボースは糖ですね！

リン酸どうしの結合は**高エネルギーリン酸結合**とよばれ，切れるときにエネルギーが大量に「ぶわっ」と出ます。生物は，ATP の末端のリン酸が切り離されて，**ADP**（アデノシン二リン酸）となるときに放出されるエネルギーをさまざまな生命活動に使います！　下の図からもわかるとおり，ATP は使い捨ての物質ではありません！　エネルギーを吸収することで ADP とリン酸から ATP を再合成することができます。充電式の電池みたいなイメージですね。

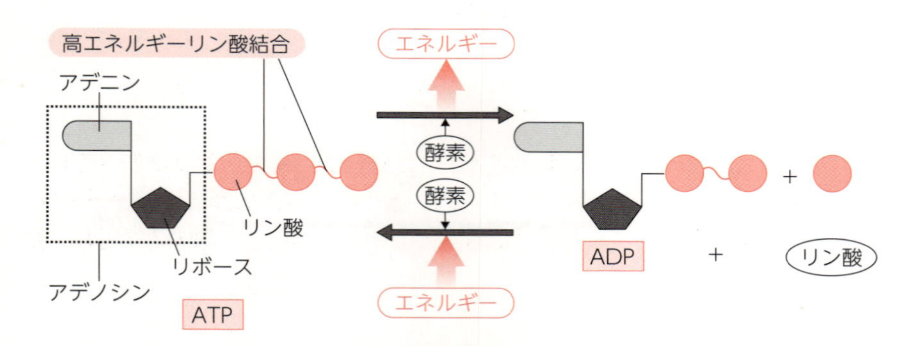

ちょっと先取り学習（⇒詳しくは p.29）

ATP のように，塩基，糖，リン酸が結合した物質を**ヌクレオチド**といいます。ATP の糖はリボースですから…，**RNA** と同じですね。

3 代謝と酵素

円滑に代謝ができるのは酵素のおかげ♥

酵素（こうそ）は，主にタンパク質でできており，**触媒**（しょくばい）としてはたらきます。触媒というのは化学反応をスピードアップさせる物質のことです。

過酸化水素（H_2O_2）を溶かした溶液（←オキシドール）を室内に放置すると，非常〜にゆっくりと分解しますが，傷口につけると勢いよく気泡が生じます。これは細胞内にある**カタラーゼ**という酵素のおかげなんです！

中学のときに二酸化マンガンを使って過酸化水素水から酸素を発生させた実験と同じ反応なんですね！

そうそう！ 「$2H_2O_2 \longrightarrow 2H_2O + O_2$」という反応だよ。だから，傷口から生じる気泡は酸素だね。実は過酸化水素は危ない物質で，細胞内では「カタラーゼのおかげで分解できて一安心♥」っという感じなんですよ。

酵素のなかには**消化酵素**や**リゾチーム**（⇒ p.91）のように細胞外に分泌されてはたらくものもありますが，多くは細胞内ではたらきます。呼吸に関する酵素はミトコンドリアに，光合成に関する酵素は葉緑体に…，といように，酵素は細胞内の特定の場所に存在しています。

実際に酵素がはたらいている様子はこんなイメージだ!!

一般に，代謝は何段階もの反応が連続して進んでいます。酵素は触媒できる反応が決まっているので，一連の各反応にはそれぞれ別の酵素が関わります。例えば，下の図のような4段階の反応があったとすると…，酵素が4種類必要になります。

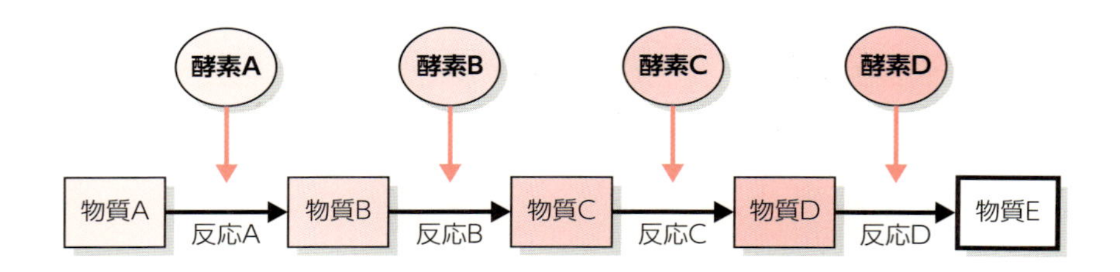

チェック問題　基本　1分

代謝に関する記述として適当なものを，次の①〜⑦のうちから二つ選べ。

① 一般に酵素は，1回の反応で活性を失う。

② 単純な物質から複雑な物質を合成し，エネルギーを蓄える反応は異化とよばれる。

③ 呼吸で酸素を利用してグルコースなどの有機物が分解されると，ATPがつくられる。

④ 光エネルギーを利用して二酸化炭素と水から有機物と酸素をつくり出す光合成の反応には，1種類の酵素のみが関わっている。

⑤ ATPがADPとリン酸に分解されるとき，エネルギーが放出される。

⑥ 生物体内のすべての酵素は，細胞質基質ではたらく。

⑦ 食物として摂取した酵素の多くは，そのままヒトの体内に取り込まれて細胞内ではたらく。

（センター試験　追試験・改）

解答・解説

③，⑤

酵素は化学反応を触媒しても，酵素自身は変化しません。よって，原則として何回でもはたらくことができるので，①は**誤り**です。

②は，同化についての記述ですね。

光合成は，さまざまな代謝と同様に何段階もの反応が連続して行われます。よって，何種類もの酵素が関わるので，④も**誤り**です。

酵素には細胞外ではたらく酵素（←消化酵素など），ミトコンドリアではたらく酵素（←呼吸に関わる酵素），核の中ではたらく酵素（←転写を行う酵素など）などがあるので，⑥も**誤り**です。

また，酵素の主成分はタンパク質なので，酵素を食物として摂取した場合は，消化酵素によってアミノ酸に分解されてから吸収されます。よって，食物として摂取した酵素がそのまま細胞内に入ってはたらくことはないので，⑦も**誤り**です。

4 光合成と呼吸

1 光 合 成

「光合成」って，どんなイメージをもっているかな？

「光を使う」,「酸素を出す」……,「私は光合成できません（笑)」

光合成とは，「光エネルギーを利用して ATP をつくり，その ATP を利用して二酸化炭素から有機物を合成すること」といった感じかな。真核生物では，光合成は葉緑体で行っていますね。図にすると下のようなイメージになります。いったん光エネルギーから ATP をつくっているところがポイントですよ！

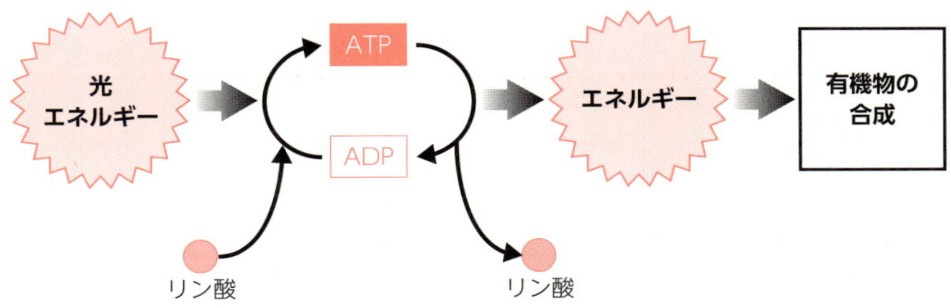

式にまとめるとこんな感じ！

水 ＋ 二酸化炭素 ＋ 光エネルギー ⟶ 有機物 ＋ 酸素

2 呼吸

次に，「呼吸」とはどんなイメージ？

スーハー，スーハー…，深呼吸のイメージです！

確かに，普通「呼吸」といえばそういうイメージだね。そのスーハー，スー

ハー…っていうのは，細胞で行われている呼吸の結果といえるんです。ここで学ぶのは細胞で行われている呼吸です。

呼吸は，細胞の中でグルコースなどの炭水化物，タンパク質，脂肪といった有機物を酸素を用いて分解して，放出されるエネルギーを利用してATPをつくるはたらきです。まさに異化のイメージそのものでしょ!?　呼吸で重要な役割を担う細胞小器官は…？

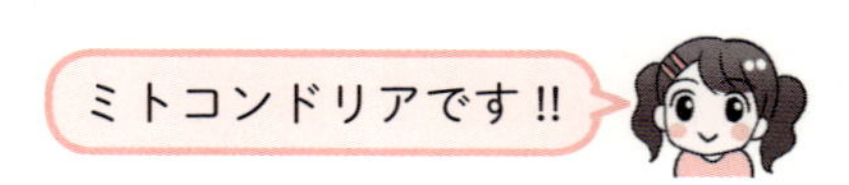

図にすると下のイメージ！

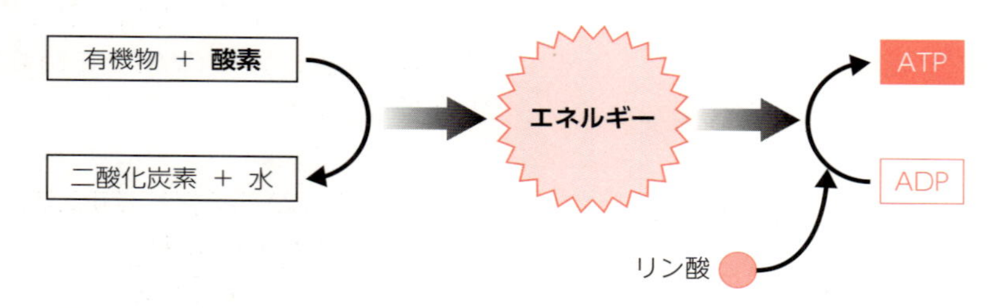

式にするとこんな感じ！

有機物 ＋ 酸素 ⟶ 二酸化炭素 ＋ 水 ＋ エネルギー（ATP）

この式を見ると，中学で習った燃焼の反応式と似ていませんか？　確かに，式だけを見れば燃焼と同じなんですが…。燃焼は反応が急激に起こり，出てきたエネルギーの大部分が熱や光になってしまいます。一方，呼吸は酵素によって何段階もの反応がコツコツと進められて，出てきたエネルギーをATPの合成に使います。

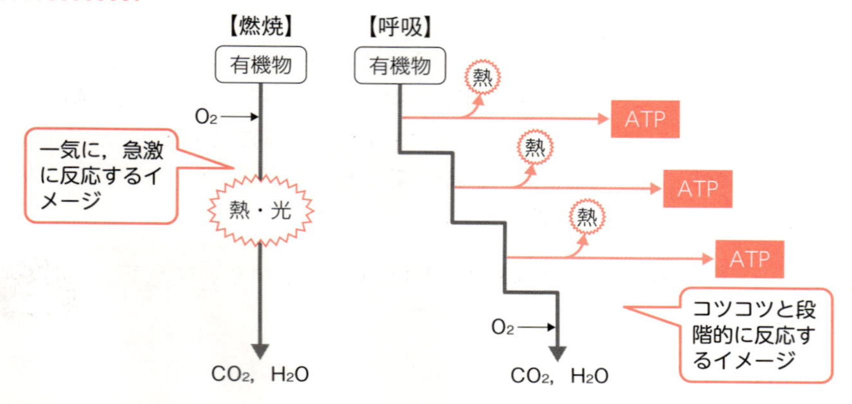

3 ミトコンドリアと葉緑体の起源

進化の過程でミトコンドリアと葉緑体はどうやってできたのでしょうか？

真核生物が地球上に現れる前の地球には，光合成をする原核生物（シアノバクテリア）や，酸素を使って呼吸をする原核生物（好気性細菌）がいたと考えられています。そして，原始的な真核生物に好気性細菌が共生してミトコンドリアになり，さらにシアノバクテリアが共生して葉緑体になったと考えられています！　この説を**細胞内共生説**といいます。

正直，僕もこの説をはじめて学んだときはビックリしましたよ。細胞内共生説を支持する根拠はたくさんありますが，そのなかでも重要な根拠として，ミドコンドリアと葉緑体が核のDNAとは異なる独自のDNAをもっていること，細胞内で分裂によって増殖することなどがあります。

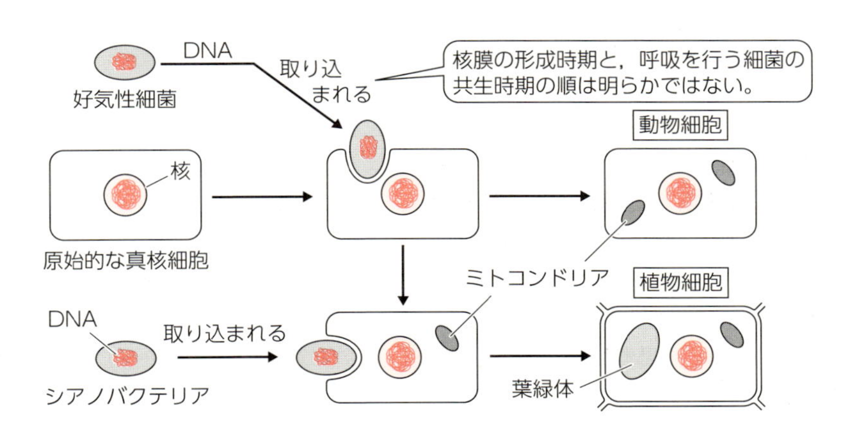

すごい生物を教えちゃいますよ！　その名も…「ミドリゾウリムシ」！　ミドリゾウリムシは光合成をする単細胞の真核生物である**クロレラ**を細胞内に共生させて，クロレラに二酸化炭素をあげるかわりに有機物をもらっています。ミドリゾウリムシは，クロレラを除去されても生活できるし，細胞外に出たクロレラも光合成をして生活できます。

今の地球上にも細胞内に他の生物が共生する現象があるなんて，すごい!!

チェック問題

光合成や呼吸に関する記述として正しいものを，次の①～⑥のうちから二つ選べ。

① 光合成は，光エネルギーを直接用いて二酸化炭素から有機物を合成する。

② 光合成を行う生物は必ず葉緑体をもっている。

③ 呼吸では，酸素を用いて有機物を分解し，ADP から ATP を合成する。

④ 呼吸の反応は，有機物が燃焼するときと同じようにエネルギーを熱や光として一度に放出する。

⑤ 進化の過程で，ミトコンドリアが生じたあとに葉緑体が生じたと考えられている。

⑥ 葉緑体とミトコンドリアには独自の DNA があり，それらは核膜に包まれて存在している。

（センター試験　本試験・改）

解答・解説

③，⑤

光合成では，光エネルギーを吸収して ATP をつくり，この ATP を使って有機物の合成をします。よって，①は「直接」という表現が**誤り**ですね。

②は定番のヒッカケ文章ですよ！　ユレモのようなシアノバクテリアは原核生物なので葉緑体はもっていませんが，光合成を行うことができます。よって，②も**誤り**です。これと同様の発想ですが，好気性細菌はミトコンドリアをもっていませんが，呼吸を行うことができますね。

燃焼は一気に反応するのに対して，呼吸はコツコツ段階的に反応するんでした。よって，④も**誤り**です。

⑤の共生した順番は覚えておきたいですね。葉緑体が生じたのが先ならば，葉緑体だけをもつ生物がいてもおかしくないですよね。

葉緑体とミトコンドリアが独自の DNA をもつのは事実ですが，それらは核膜に包まれていませんよ！　ということで，⑥も**誤り**です。

5 DNAの構造

1 ヌクレオチドの構造

核は英語で「nucleus」！　ヌクレオ…，ヌクレオ……

DNA（**デオキシリボ核酸**）は**ヌクレオチド**という基本単位がいっぱい鎖状につながった物質です。ヌクレオチドは塩基，糖，リン酸が結合したものです。DNAのヌクレオチドの場合，糖は**デオキシリボース**，塩基には**アデニン**（A），**チミン**（T），**グアニン**（G），**シトシン**（C）の4種類があり，どの塩基をもつかでヌクレオチドは4種類あることになります。

2 DNAの構造

DNAは下の図のような，美しいらせん構造をしているよ！

ヌクレオチドが糖とリン酸の結合によりつながってヌクレオチド鎖になります。DNAは，2本のヌクレオチド鎖が塩基を内側にして平行に並び，AとT，GとCが対になるように結合し，全体としてらせん構造をしています。この構造は**二重らせん構造**といいます。ここで，結合する塩基のペアは決まっており，この性質は**相補性**といいます。

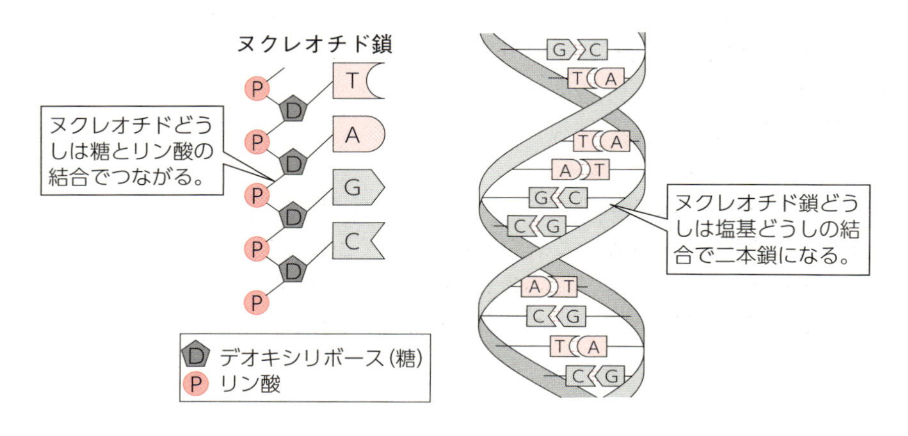

DNAの二重らせん構造を提唱したのが**ワトソン**と**クリック**です。彼らはシャルガフの実験結果やウィルキンスやフランクリンのDNAにX線を当てて撮影した写真から示唆を受け，この構造を提唱しました。

3 遺伝子の本体

さて，染色体には，主に何という物質が含まれていますか？

16ページにありましたね！　DNAとタンパク質です！

「遺伝子」が染色体にあるだろうということは，20世紀前半から考えられていました。そうすると，遺伝子の本体はDNAなのか，タンパク質なのかということになります。実は，当初は「遺伝子の本体はタンパク質だろう！」という研究者が多かったんですよ。

もちろん，遺伝子の本体はDNAですが，これを明らかにした歴史的に重要な実験を紹介します。

❶ グリフィスの実験（1928年）

肺炎双球菌(はいえんそうきゅうきん)という細菌には，病原性のS型菌と非病原性のR型菌があります。**グリフィス**が加熱殺菌したS型菌を生きたR型菌と混合してネズミに注射すると，ネズミは肺炎で死んでしまい，その体内に生きたS型菌が発見されました。加熱殺菌したS型菌に由来する何らかの物質によってR型菌がS型菌に変化したと考えられます。この現象を**形質転換**(けいしつてんかん)といいます。下の図のように，R型菌がS型菌に変身したイメージですね！

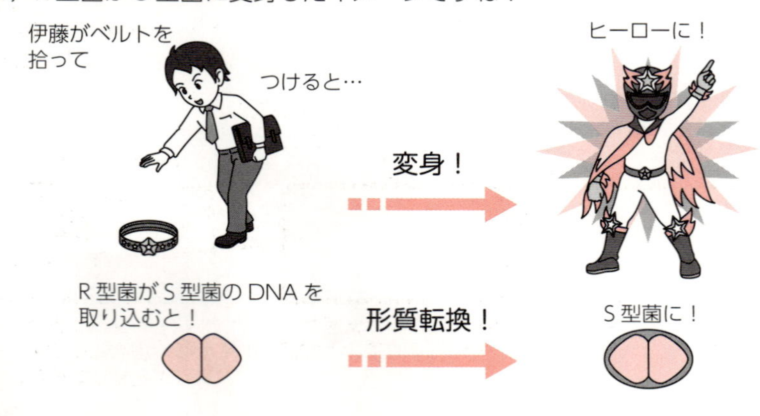

❷ エイブリーの実験（1944年）

グリフィスが発見した形質転換の原因を明らかにするために，**エイブリー**はS型菌をすりつぶした抽出液からDNAを除去したものを，生きたR型菌と混合しても形質転換が起こらないことを示し，形質転換の原因物質がDNAであることを証明しました。

このあたりで，「遺伝子の本体はDNAだろうな！」という感じになったんですね。

❸ ハーシーとチェイスの実験（1952年）

僕は，T_2 ファージはとてもカッコいいと思うよ！

ハーシーと**チェイス**は，T_2ファージというウイルスを使って遺伝子の本体がDNAであることをつきとめました。

T_2ファージは大腸菌に感染するウイルスです。右の図のように，頭部や尾部の外殻はタンパク質でできており，内部にDNAが入ったシンプルな構造をしています。

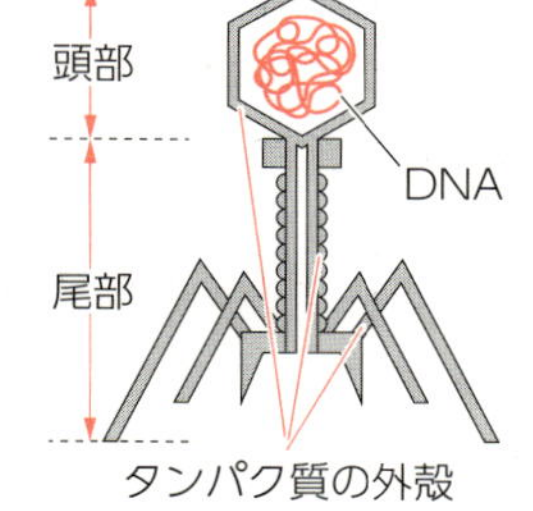

T_2ファージ

T_2ファージが大腸菌に感染すると，DNAだけを大腸菌の中に注入します。そのあと，大腸菌のDNAは分解されてしまい，T_2ファージのDNAがどんどん増えていきます。そして，大腸菌内で多数の子ファージがつくられ，大腸菌を破って飛び出していきます。

ウイルスって，なかなかえげつないですね……（汗）

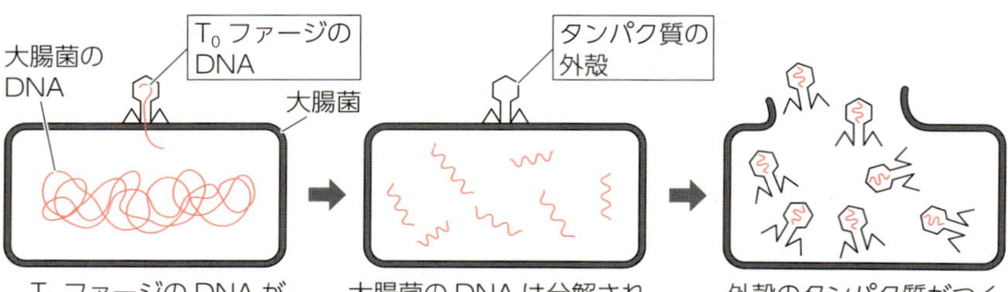

T_2 ファージのDNAが菌体内に注入される。 → 大腸菌のDNAは分解され，T_2 ファージのDNAが増える。 → 外殻のタンパク質がつくられ，多数の子ファージが菌体を破って出る。

大腸菌の中でタンパク質が合成されて子ファージが生じていることから，大腸菌内に入ったDNAがT_2ファージの遺伝子ということになりますね。

チェック問題

5分

問1　DNAのヌクレオチドの模式図として正しいものを，次の①～③のうちから一つ選べ。

① リン酸 － 塩基 － 糖　　② 塩基 － 糖 － リン酸
③ 糖 － リン酸 － 塩基

問2　ある生物に由来する二本鎖DNAを調べたところ，二本鎖DNAの全塩基数の30%がアデニンであった。

(1) この二本鎖DNAにおけるシトシンの割合〔%〕を求めよ。

(2) この二本鎖DNAの一方の鎖をX鎖，他方の鎖をY鎖としてさらに調べたところ，X鎖の全塩基数の18%がシトシンであった。このとき，Y鎖の全塩基数におけるシトシンの割合〔%〕を求めよ。

問3　過去の研究者らの研究成果のうち，遺伝子の本体がDNAであることを明らかにした研究成果として適当なものを，次の①～④のうちから一つ選べ。

① 研究者Aは，さまざまな生物のDNAについて調べ，AとT，GとCの数の比が，それぞれ1：1であることを示した。

② 研究者Bらは，DNAの立体構造について考察し，二重らせん構造のモデルを提唱した。

③ 研究者Cは，エンドウの種子の形や，子葉の色などの形質に着目した実験を行い，親の形質が次の世代に遺伝する現象から，遺伝の法則性を発見した。

④ 研究者Dらは，T_2ファージを用いた実験において，ファージを細菌に感染させた際に，DNAだけが細菌内に注入され，多数の新たなファージがつくられることを示した。

（センター試験　本試験・改）

解答・解説

問1　②　　**問2**　(1)　20%　　(2)　22%　　**問3**　④

問1　ヌクレオチドの構造をちゃんと覚えていますか？　ヌクレオチドの構成要素はリン酸，糖，塩基で，糖が真ん中にありましたね。

問2 シャルガフは，さまざまな生物の DNA について，塩基の割合を調べ，「生物の DNA では A と T，G と C の割合が等しい」という**シャルガフの規則**を発見しました。この規則は，DNA が A と T，G と C が相補的に塩基対をつくっていることからも理解できますね。

⑴ 二本鎖中に A が30% あるということは，T も30% あります。よって，残り40% が G と C です。G と C の割合は等しいので，ともに20% であることがわかります。

⑵ ⑵の設問は，いったいどういうことを聞いているのかわかりますか？ ちょっと，難しいよね。模式図にすると下の図のような感じです。

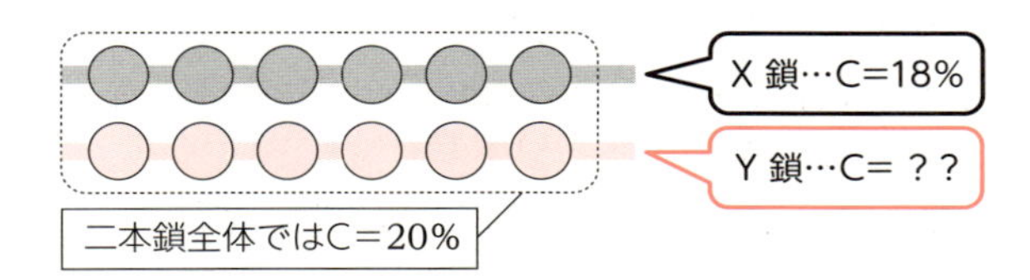

二本鎖全体で考えると C が20% であることは⑴で求めました。そして，一方の鎖（X 鎖）だけをみると C が18%，そして「他方の鎖（Y 鎖）だけをみたときに C が何 % ですか？」ということです。

全体での「20%」という割合は X 鎖における C の割合と Y 鎖における C の割合の平均値となります。ですから，Y 鎖における C の割合を22% と一瞬で求めることができます！

問3 ①～④のどの記述にも嘘はありません。この問題は「遺伝子の本体が DNA であることを明らかにした研究成果」についての記述を選ぶ問題ですよ！

①は，**問2**の解説にも書きましたがシャルガフの規則についての記述です。②はワトソンとクリック，③はメンデル（←中学の理科で学びましたね！）の研究についての記述です。どの研究者も偉大な研究者ですが…，遺伝子の本体が DNA であることを明らかにしたわけではありませんね。

④は，ハーシーとチェイスの実験についての記述で，これが**正解**です。

6 遺伝情報とその分配

1 ゲノム

ゲノム（genome）は，**遺伝子**という意味の「gene」と，**全部**っていう意味の「-ome」を合わせてつくられた単語です。

「ゲノム」って，ニュースとかでたまに聞くけど，イマイチ意味がわかっていないです。

まずは「全部」っていうイメージが大事なんです。

ヒトの体細胞には**46本**の染色体がありますが，よ～く見ると，大きさや形が同じ染色体が1対ずつ，全部で23対あります。このように，対になっている染色体を**相同染色体**（そうどうせんしょくたい）といい，相同染色体の一方は父親に，他方は母親に由来します。この相同染色体のどちらか一方ずつを23本集めた1組に含まれているすべてのDNAをヒトの**ゲノム**といいます。

体細胞にはゲノムが２組あるということですか？

そのとおり！　体細胞にはゲノムが2組，精子や卵にはゲノムが1組入っています。

ちゃんと表現すると…，ゲノムは「生物が自らを形成・維持するのに必要な１組の遺伝情報」となります。

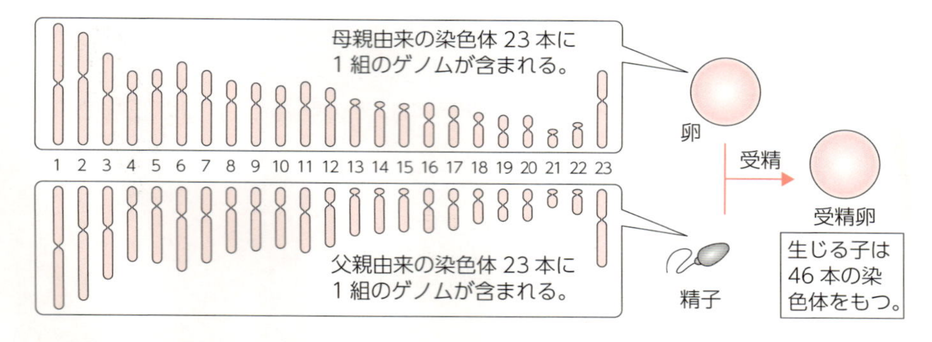

2 ゲノムと遺伝子の関係

ゲノム…，遺伝子…，DNA………，ゲノム？

このあたりの用語って，ゴチャゴチャになっちゃう受験生が多いですね。DNA の一部が転写・翻訳されてタンパク質が合成されることは，あとで学びます（⇒ p.42）が…，転写・翻訳される部分というのは DNA の一部で，真核生物の場合はほとんどが転写・翻訳されない部分です。下の図の一つ一つの転写・翻訳される部分が**遺伝子**です。ヒトの場合，転写・翻訳される部分はゲノムのたった1.5% 程度と言われています！

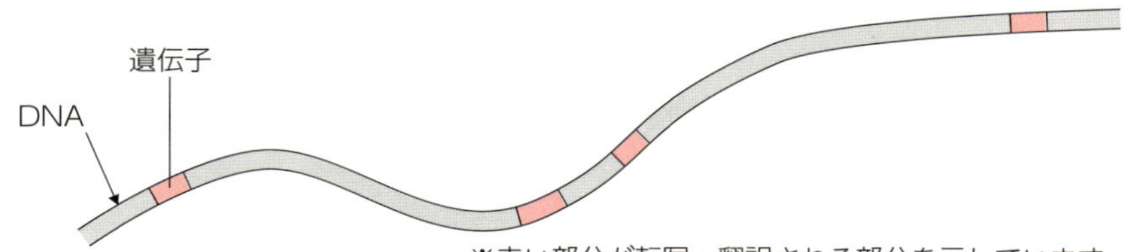

※赤い部分が転写・翻訳される部分を示しています。

ゲノムに含まれる塩基対の数はゲノムサイズとよばれ，生物によってゲノムサイズは異なります。また，遺伝子の数についても生物によって異なります。

さまざまな生物のおよそゲノムサイズ（塩基対の数）と遺伝子の数

生物名	大腸菌	酵母	ショウジョウバエ	イネ	ヒト
ゲノムサイズ	500 万	1200 万	1 億 6500 万	4 億	**30 億**
遺伝子の数	4500	7000	14000	32000	**20500**

私たち，ショウジョウバエやヒトよりも，遺伝子の数が多いよ！

遺伝子の数が多いからって，何をいばっているんだよ！　多くたってスゴいわけじゃないよ！

3 細胞周期とDNA量の変化

ヒトのからだは何十兆個もの細胞からできているけど，これらはもともと受精卵という1個の細胞だったんだよ。

僕らのからだは1個の受精卵が**体細胞分裂**をくり返して増えたもので，どの細胞にも同じDNAの遺伝情報がちゃんと受け継がれています。正確に遺伝情報を受け継いでいけるのはすごいことですよ！

細胞が分裂を終えてから次の分裂を終えるまでの過程を**細胞周期**といって，実際に細胞が分裂する**分裂期**（**M期**）と，分裂のための準備を行う**間期**に分けることができます。間期はさらにDNA合成準備期（**G_1期**），DNA合成期（**S期**），分裂準備期（**G_2期**）に分けられます。

細胞によってはG_1期に入ったところで細胞周期を停止し，**G_0期**とよばれる休止期に入り，すい臓や肝臓の細胞など，特定の形とはたらきをもった細胞に変化します。特定の形とはたらきをもった細胞に変化することを**分化**といいます。

分化した細胞はもう分裂しないんですか？

例えば，肝臓の細胞は，肝臓が傷ついたときなどにG_0期の細胞がG_1期に戻り，細胞周期を再開することが知られています。では，細胞周期について下の図を見てみましょう！

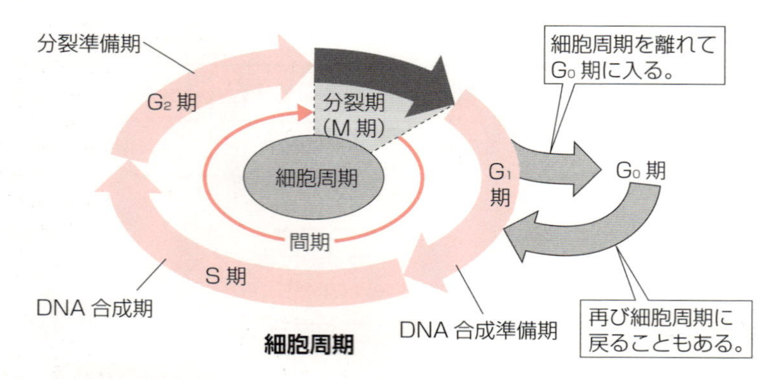

細胞周期

細胞分裂をする前にDNAを正確に**複製**して，複製されたDNAを分裂で生じた2つの細胞（**娘細胞**）にキッチリ等分に分配しているから，同じ形質の細胞をつくり続けられるんだよ。

DNA量？「量」ですか…。「量」って何ですか？

DNA量はDNAの質量っていうこと，つまり「重さ」だね！ DNAはS期にキッチリ複製して，娘細胞に均等に分配されるので，1つの細胞に入っているDNA量（細胞あたりのDNA量）は下の図のように変化します。分裂期が終わって細胞が2個になるときに，カックンと半減します！

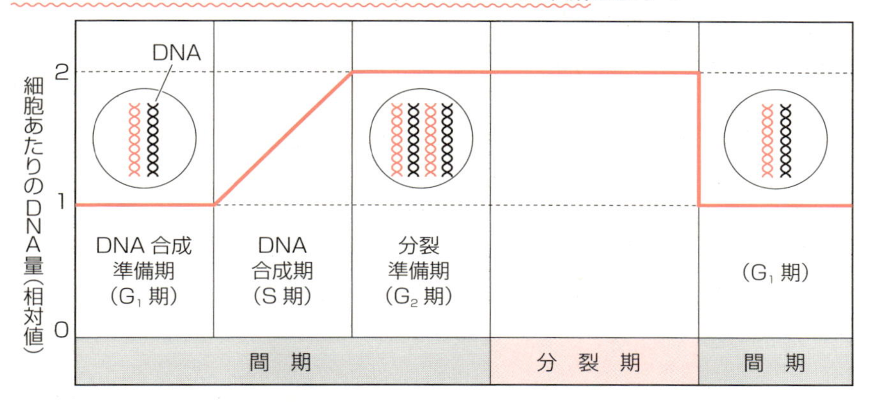

4 分裂期（M期）でのDNAの動き

分裂期にDNAを2つの娘細胞にキッチリと分配する様子を見てみましょう!!

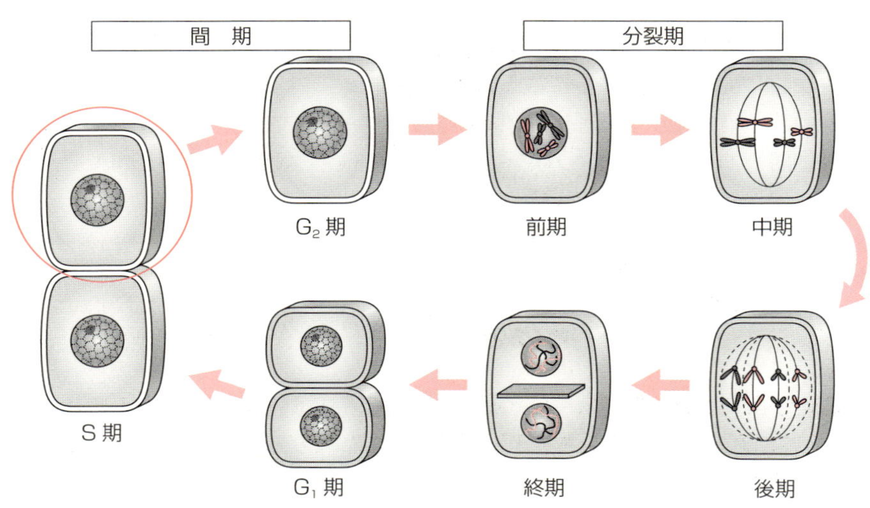

えっ!? この図の何を覚えたらいいんですか？

覚えないといけない用語はそんなにありませんよ！　流れをイメージできればOKです。では，コツコツ学んでいきましょう。

分裂期は染色体の見た目などによって，**前期**，**中期**，**後期**，**終期**という4つの時期に分けられます。

S期に複製された2本のDNAどうしは，分裂期の中期まではずっと接着しています！

これは，本当に重要なことです！

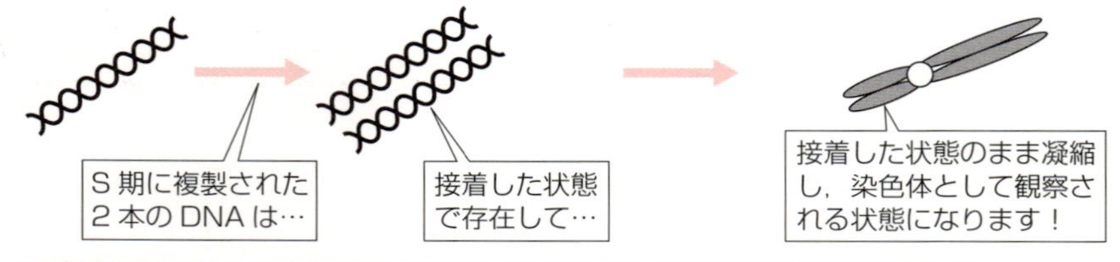

…ってことは，この染色体 には DNA が2本含まれているんですね！

そのとおり！　しかも，この染色体 に含まれているDNAは複製によってできた同じ塩基配列をもつ2本のDNAなんだよ！　これを踏まえて，分裂期について整理しよう。

❶前期…核内に分散していた染色体が凝縮してひも状になり，光学顕微鏡で見えるようになる。
❷中期…染色体が中央部に並ぶ。
❸後期…2本のDNAからなる染色体が分離し，均等に1本のDNAを含む状態となり，両極に移動する。
❹終期…凝縮していた染色体が再び分散し，核膜が形成される。また，細胞質が2つに分けられる。

チェック問題 1

真核生物の体細胞分裂の間期に関する記述として適当なものを，次の①～④のうちから一つ選べ。

① S期では，DNA量は変化せず，DNA合成の準備が行われている。
② S期では，複製されたDNAが娘細胞に均等に分配される。
③ G_1期では，DNAが複製されて細胞1個あたりのDNA量は分裂直後の2倍になる。
④ G_2期では，細胞1個あたりのDNA量は分裂直後の2倍になっており，分裂の準備が行われている。

（オリジナル）

解答・解説

④

G_1期はDNA合成準備期，S期はDNA合成期，G_2期は分裂準備期です。よって，DNAの複製をするのはS期ですので，①～③はどれも**誤り**です。S期に引き続いてG_2期に進むので，G_2期では細胞1個あたりのDNA量は分裂直後（G_1期）の2倍になっています。

G_1期，G_2期の「G」は**隙間**という意味のgapの頭文字なんだよ。分裂期が終わってからS期に入るまでの隙間の時期がG_1期…というイメージだね！

チェック問題 2

ゲノムに関連する次の(1)～(3)の記述の正誤判定をせよ。

(1) 真核生物に属するすべての生物で，遺伝子の数は等しい。
(2) ヒトの同一個体において，神経の細胞と小腸の細胞とでは，核内にあるゲノムDNAは同じであり，発現する遺伝子の種類も同じである。
(3) ヒトでは，ゲノムの一部だけが遺伝子としてはたらいている。

（センター試験　追試験・改）

第2章 遺伝子とそのはたらき

解答・解説

(1) **誤**　(2) **誤**　(3) **正**

どの記述についても解説済みですね！

(1) 35ページに載せた表を見れば一目瞭然ですが，生物によってゲノムサイズが異なりますし，遺伝子数も異なります。ヒトについてゲノムサイズが約**30億塩基対**，遺伝子数が約**2万**ということは覚えておきましょう！

(2) 同一個体では，神経の細胞と小腸の細胞がもっているDNAは同じです。しかし，細胞ごとに異なる遺伝子を発現させているので，細胞の形や性質が異なるんですね。

(3) 35ページに，「転写・翻訳される部分はゲノムの一部だよ！」という内容が書かれていますね。これと(3)は同じ内容なので，(3)は**正しい**記述です。

遺伝情報の発現

1 タンパク質

タンパク質とは何か，わかりますか？

「肉や魚に多く含まれている」と家庭科で習いました！

確かに，動物の細胞には多く含まれていますね！　**タンパク質**ってどんなものだろう？

タンパク質は**アミノ酸**が鎖状につながってできた物質です。アミノ酸には複数種類あり，タンパク質の性質は，構成するアミノ酸の種類・数・配列によって決まります。よって，タンパク質の種類はものすごく多くて，ヒトでは約10万種類ものタンパク質をつくっています。例えば，**赤血球**中の**ヘモグロビン**（⇒ p.52），**血液凝固**に関係する**フィブリン**（⇒ p.56），皮膚や骨の成分となる**コラーゲン**，筋肉の収縮にはたらく**アクチン**や**ミオシン**，ホルモンの**インスリン**（⇒ p.77），免疫に関係する**抗体**（⇒ p.94），酵素の**カタラーゼ**（⇒ p.23）などなどです。

一気に覚えようとするとシンドいから，あとで出てくるタンパク質については，その都度コツコツ覚えようね。

2 タンパク質の合成

タンパク質の合成の過程は，大きく「転写」「翻訳」という２つのステップからなります！

❶ 転　写

転写（てんしゃ）というのは，DNA の塩基配列を **RNA** の塩基配列に写し取ること，つまり RNA を合成することです。

RNA って何ですか？　DNA とは違うんですか？？

RNA は**リボ核酸**という物質で，DNA と同様にヌクレオチドが構成単位です。ただ，DNA とちがうのは RNA のヌクレオチドは糖として**リボース**をもち，塩基としてはアデニン（A），**ウラシル**（**U**），グアニン（G），シトシン（C）の4種類があります。

リボース（ribose）だから，リボ核酸（ribonucleic acid）ですよ！語源をイメージしましょうね。

さて，転写の際には，DNA の転写する領域の塩基対どうしの結合が切れてほどけ，1本ずつのヌクレオチド鎖になります。そして，その部分の片方のヌクレオチド鎖の塩基に対して RNA のヌクレオチドの塩基が相補的に結合していきます。

このとき，DNA の側の塩基 A，T，G，C のそれぞれに対して，**U**，A，C，G の塩基をもった RNA のヌクレオチドが結合し，RNA が合成されていきます。このようにして合成され，その塩基配列によってタンパク質のアミノ酸配列を決めることのできる RNA を **mRNA**（伝令 RNA）といいます。では，転写の様子を示した下の模式図を見てみましょう！

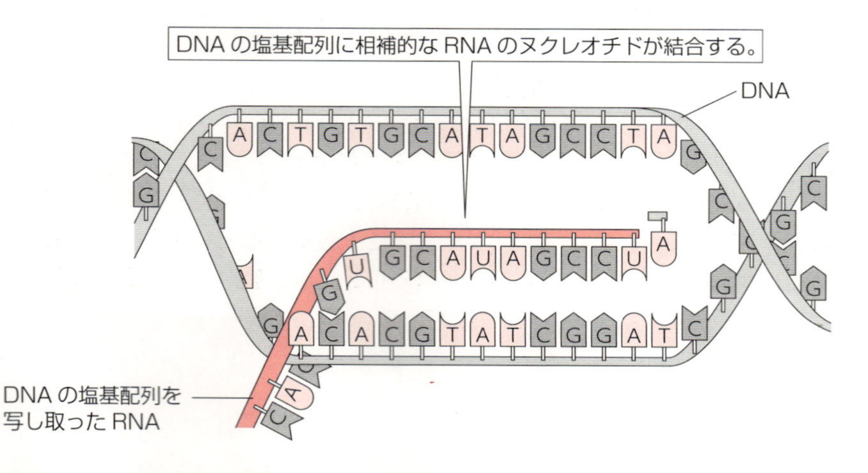

❷ 翻　訳

転写によってつくられたmRNAの塩基配列に従ってアミノ酸をつなぎ，タンパク質を合成する過程のことを**翻訳**（ほんやく）といいます。このとき，mRNAの連続した3つの塩基配列が1つのアミノ酸を指定しています！

mRNAの塩基がAUCと並んでいたらアミノ酸X，GCAならばアミノ酸Y，UGGならばアミノ酸Z･･･，というイメージ。

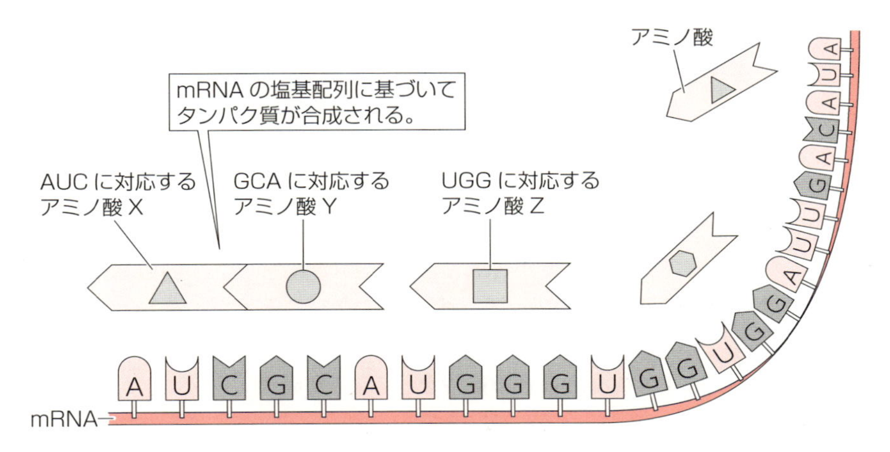

3 セントラルドグマ

「セントラルドグマ！」 カッコいい響きでしょ？

遺伝情報であるDNAの塩基配列は，RNAに転写され，さらにタンパク質に翻訳されます。このように遺伝情報が「DNA→RNA→タンパク質」と一方向に流れることを，**セントラルドグマ**といいます。

この考え方は，DNAが二重らせん構造であることを発見したクリックが提唱したんですよ。central dogmaですので，直訳すると「中心的な教義」という意味です。「生物における遺伝情報の揺るぎない絶対的な重要な重要～なルール」というようなイメージの言葉です。

チェック問題　標準　3分

問1　筋肉や皮膚の細胞についての次の文中の空欄に入る語句の組合せとして適当なものを，下の①～④のうちから一つ選べ。

同一人物の筋肉の細胞と皮膚の細胞の［ a ］は同じだが，細胞により［ b ］が異なるので，異なる種類のタンパク質が合成される。

	a	b
①	核にあるDNAの塩基配列	核で転写される遺伝子
②	核にあるDNAの塩基配列	核にある遺伝子の塩基配列
③	細胞質にあるmRNAの種類	核で転写される遺伝子
④	細胞質にあるmRNAの種類	核にある遺伝子の塩基配列

問2　次の文中の空欄に入る語句の組合せとして適当なものを，下の①～⑥のうちから一つ選べ。

細胞内でタンパク質が合成されるときには，［ c ］の塩基配列が［ d ］に写し取られる。［ d ］はヌクレオチドがつながったものであり，［ e ］である。次に，［ d ］の塩基配列に従ってタンパク質が合成される。後者の過程を［ f ］という。

	c	d	e	f
①	mRNA	DNA	2本鎖	複　製
②	mRNA	DNA	1本鎖	転　写
③	mRNA	DNA	2本鎖	翻　訳
④	DNA	mRNA	1本鎖	複　製
⑤	DNA	mRNA	2本鎖	転　写
⑥	DNA	mRNA	1本鎖	翻　訳

（センター試験　追試験・改）

解答・解説

問1　①　　　**問2**　⑥

問1　同一個体のからだを構成するさまざまな細胞がもっている遺伝情報は同じですが，細胞ごとに発現している遺伝子が異なります。

問2　DNAを転写してmRNAがつくられ，mRNAを翻訳してタンパク質がつくられますね。

8 体液とそのはたらき

1 体内環境と体外環境

生物のからだの外の環境が体外環境！ 体液が体内環境！

体内環境は，体内の環境という意味ですよね？

体内環境は**体液**のことです。「体内の環境」って言ってしまうと…，「細胞の中はどうするんだ？　消化管の中はどうなんだ？」となってしまうので，正確に，「体内環境＝体液」です！　細胞にとっての環境というイメージです。

そもそも，体液って何かわかりますか？　体液は，血管内の**血液**，組織の細胞間の**組織液**，リンパ管内の**リンパ液**の３つに分けられます。

だから，汗とか尿とか消化液（←だ液，胃液など）は体液ではありません！

体外環境は絶えず変化します。しかし，動物はさまざまなしくみを駆使して体内環境を安定に保ち，生命を維持する性質をもっており，これを**恒常性**(ホメオスタシス)といいます。

暑くても寒くても体温は約37℃に保たれていますし，食事によって一時的に血糖濃度が上がっても，ホルモン(⇒ p.74)などにより元に戻せますね！

2 血　　液

血液について正しい知識を学びましょう！
怪しい似非健康法とかにだまされないようにしましょう！

血液は液体成分である**血しょう**と有形成分である**赤血球**，**白血球**，**血小板**からなります。血しょうの質量は血液の質量の約55％を占めていて，血しょうはグルコースなどの栄養分，尿素や二酸化炭素，ホルモン，ナトリウムイオンなどのイオン，**アルブミン**(⇒ p.61)などのさまざまなタンパク質を溶かして運搬しています。

下の図はヒトの体液のイオンの組成のグラフです！

体液に溶けているイオンは，ナトリウムイオン（Na^+），塩化物イオン（Cl^-）が多いんです。大雑把にいうと，「体液はおいしいなぁ♥　と感じるスープのような濃度の食塩水」っていうイメージですね。

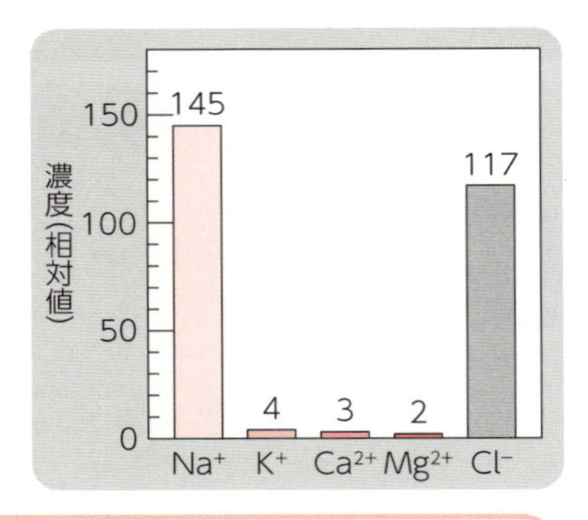

血液の有形成分と血しょうの特徴とはたらきを，下の表にまとめました！

有形成分	核の有無	数（個 /mm^3）	主なはたらき
赤血球	なし	400万～500万	酸素の運搬
白血球	あり	4000 ～ 8000	免疫
血小板	なし	10万～40万	血液凝固
液体成分	構成成分		はたらき
血しょう	水（約90%），タンパク質（約7%），グルコース（約0.1%）		物質などの運搬

血液 1mm^3 に500万個…，赤血球の数がものすごく多いですね！

有形成分は，どれも**骨髄**（こつずい）にある**造血幹細胞**（ぞうけつかんさいぼう）からつくられます。

ヒトの赤血球は核をもたず，細胞内に多量の**ヘモグロビン**というタンパク質を含み，酸素を運搬しています。古くなった赤血球は，**ひ臓**や**肝臓**（⇒ p.60）で壊されます。

hemoは「血液」という意味だよ。例えば…hemorrhageは「出血」という意味の英語！　ヘモグロビンは赤血球に含まれる赤い色のタンパク質だね。

白血球は「核をもち，ヘモグロビンをもたない有形成分の総称」と定義されています。主に**免疫**（めんえき）に関与しているので，「5　免疫」（⇒ p.89）で詳しく扱います！

血小板は**血液凝固**(⇒ p.56)において，重要な役割を果たします。

(⇒ p.56)

3 体液の循環

下の図はヒトの体液循環の模式図です。時々…，この図を眺めてみてくださいね！

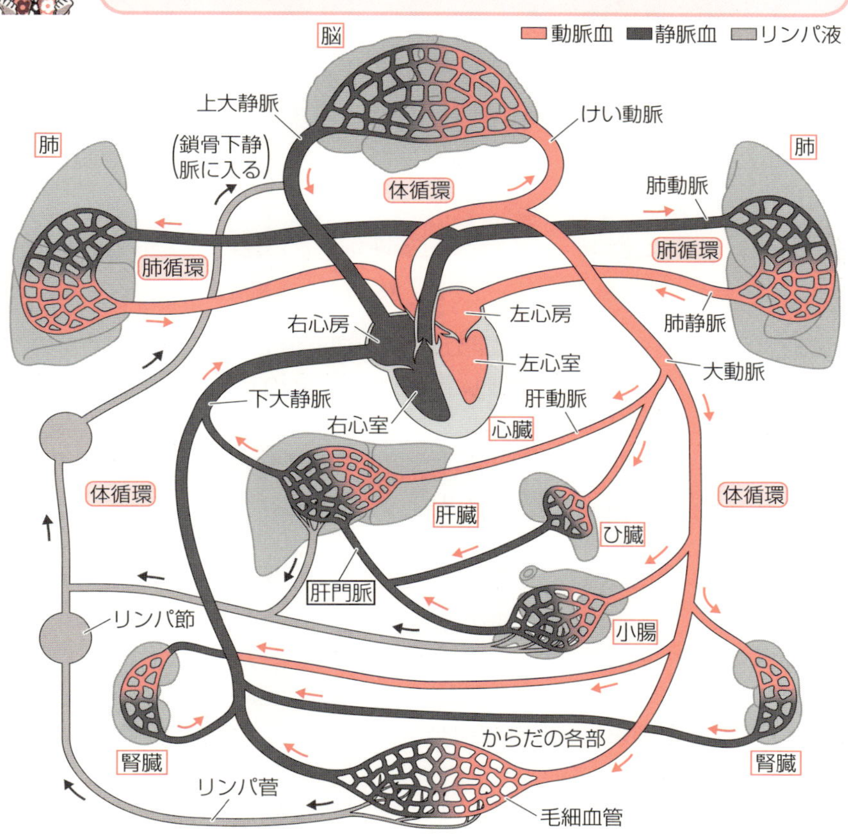

肝門脈は静脈血が流れる… **リンパ管**は所々に**リンパ節**がありますね！

肺動脈を流れている血液は…静脈血だから，注意してね！

心臓から送り出された血液は**動脈**を，心臓に戻る血液は**静脈**を流れますね。

そして，動脈と静脈をつないでいる血管が**毛細血管**です。毛細血管では血しょうの一部が浸み出して組織液となり，組織液が毛細血管に戻って血しょうになります。この過程で，組織の細胞への栄養分の供給や，細胞から老廃物の回収を行っているんです。

動脈，静脈，毛細血管がどのような構造をしているのか，下の図で確認しましょう！

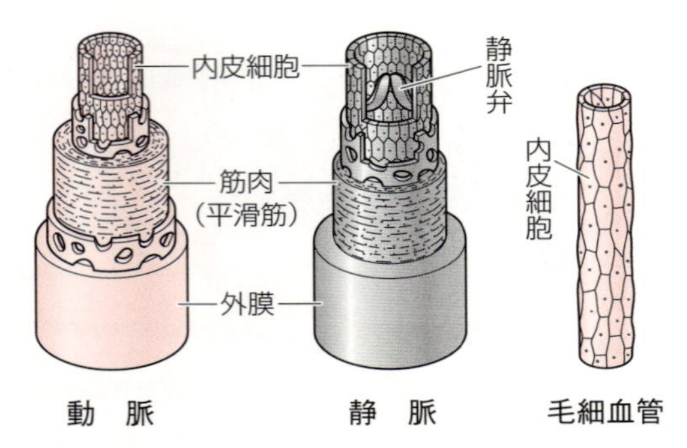

動脈は心臓から送り出された血液が流れ，血管壁に強い圧力がかかるので，筋肉の層が発達した丈夫な構造をしています。ですので，静脈よりも血管壁が厚いという特徴があります！

静脈は心臓に戻る血液が流れ，逆流を防ぐための**弁**があります。そして，毛細血管は一層の内皮細胞からなります。

47 ページの図にある，肝門脈はどの血管にあたるんですか？

いい質問！

「門脈」というのは，毛細血管ではさまれた太い血管なんです！ **肝門脈**は，小腸やひ臓の毛細血管と肝臓の毛細血管にはさまれている太い血管です。

実は…，毛細血管のない血管系をもつ動物がいるんですよ！

やぁ，バッタ君！ そうそう，君の出番だよ！ 昆虫などの血管系には毛細血管がなく，動脈の末端から出た血液が細胞間を流れます。このような血管系を**開放血管系**といいます。

これに対して，僕たち脊椎動物などの血管系は毛細血管をもち，血液は血管内のみを流れていますね。このような血管系は**閉鎖血管系**といいます。

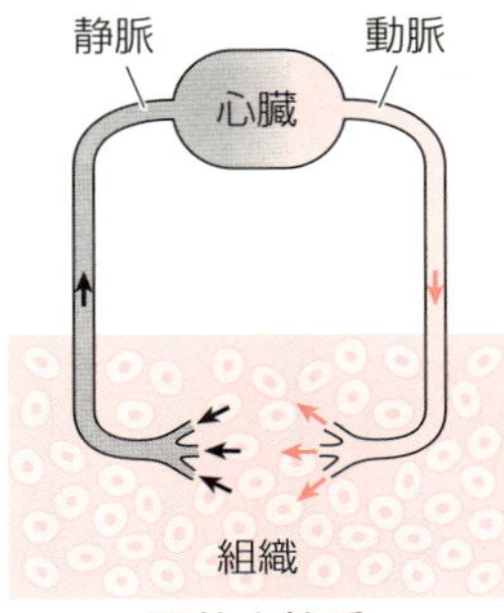

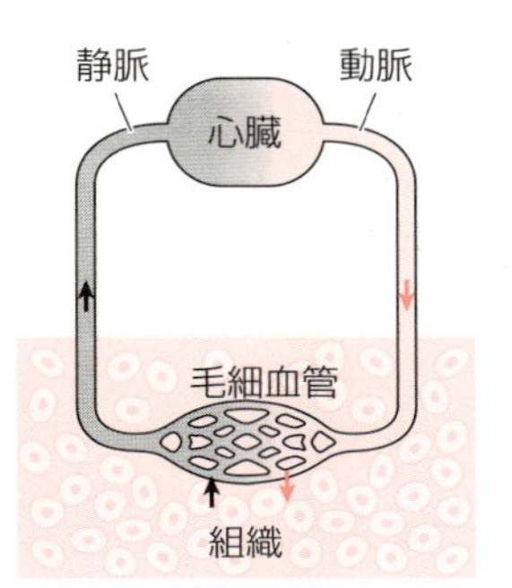

閉鎖血管系

リンパ液…，リンパ管…，「リンパ」って，時々テレビなんかで耳にしますね。

組織液の多くは毛細血管に戻るんだけど，一部はリンパ管に入ってリンパ液になります。リンパ液はリンパ管を通ったあとに**鎖骨下静脈**で血液に合流します。つまり，リンパ液は最終的には血液に戻るんです。リンパ管には所々に**リンパ節**があり，「免疫」(⇒ p.89)に関わる細胞が多く存在し，リンパ液中の病原体などを除去しています。下の図のように，リンパ管も静脈と同様に弁がついていて，リンパ液が一方向に流れるようになっています！

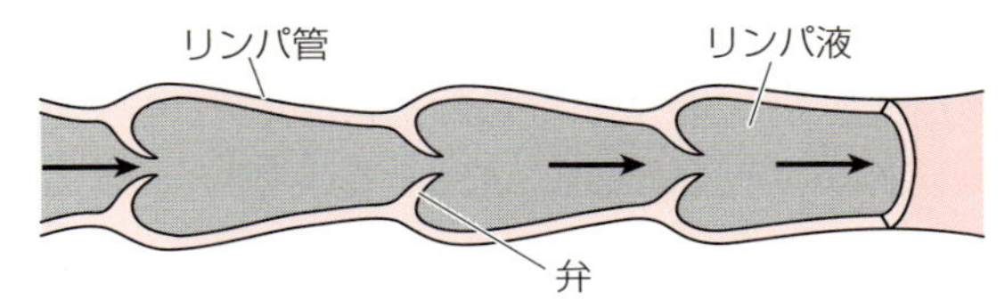

4 心臓の構造

心臓は英語で heart，フランス語では coeur，焼き鳥屋さんで頼むときは「ハツ！」だね。

心臓は心筋という特殊な筋肉でできていて，休みなく収縮と弛緩をくり返すことで血液を循環させています。

血液は静脈から心房に入り，心室から動脈へと出ていきます。心房と心室の間，心室と動脈の間には弁があるので，逆流することなくスムーズに血液を流しています(次のページの図)。

血液の流れる経路は次のとおりです！

大静脈→右心房→（弁）→右心室→（弁）→肺動脈→肺→肺静脈→左心房→（弁）→左心室→（弁）→大動脈→全身→…

なお，大静脈と右心房の境界の部分には，**洞房結節**(とうぼうけっせつ)（**ペースメーカー**）とよばれる特殊な場所があり，この部分から自動的に周期的な電気信号を発して，これにより心臓が一定のリズムで収縮しています！　心臓はからだの外に取り出しても，しばらく動き続けられますが，これは洞房結節のはたらきのおかげなんですね♪

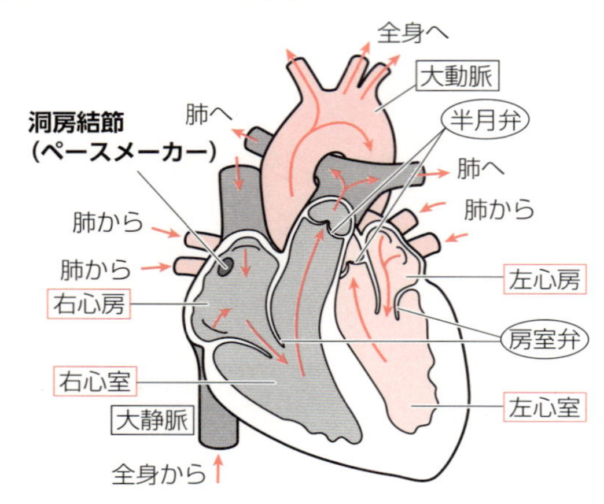

心臓の断面と血流の方向

チェック問題

問1　体液に関する記述として最も適当なものを，次の①～⑤のうちから一つ選べ。

① 血液が流れる血管の壁は，動脈，毛細血管，静脈の順に薄い。
② リンパ液は，静脈で血液に合流する。
③ 血しょうは無機塩類やグルコースを含むが，タンパク質は含まない。
④ 赤血球中のヘモグロビンのうち，酸素ヘモグロビンとして存在している割合は，肺静脈中より肺動脈中のほうが多い。
⑤ 血液1mm^{3}あたりの血球数は，赤血球より白血球のほうが多い。

問2　血液循環は，心臓の左心室と右心室を仕切る壁によって，肺循環と体循環の２つに大別されている。肺循環では，全身から集められた血液が右心室から肺へと送られ，肺で二酸化炭素を放出し，酸素を取り込んだあと，左心房へと戻る。体循環では，肺から戻った血液が左心室から全身へと送られ，毛細血管で各組織に酸素を供給し，二酸化炭素を受け取り，右心房へと戻る。この2つの血液循環において，左心室と右心室を仕切る壁に大きな穴があいた場合に起きると考えられる記述として最も適当なものを，次の①～④のうちから一つ選べ。

① 肺静脈から左心房に戻ってきた血液の一部が，再び，肺へと送り出される。

② 肺動脈を流れる血液が，肺静脈を流れる血液よりも多くの酸素を含むようになる。

③ 左心室から送り出された血液の一部が，全身を巡ったあと，左心房へと戻る。

④ 右心室から送り出された血液の一部が，肺に到達したあと，右心房へと戻る。

（センター試験　本試験・改）

解答・解説

問1 ②　　**問2** ①

問1 ① 血管壁が最も厚いのは動脈ですね。また，毛細血管は一層の内皮細胞からできているので，最も血管壁が薄いこともわかりますね。

② リンパ液は鎖骨下静脈に合流しましたね。

③ 血しょう中にはタンパク質も含まれていますよ！　例えば…，アルブミンとかインスリンとか！

⑤ 血球（有形成分）の数は，赤血球が最も多く，白血球が最も少ないんでしたね。

問2 さて，クイズです！

左心室と右心室とでは，どちらのほうが内圧が高いと考えられますか？

……!!　左心室っ！　だって，肺に血液を送り出すより全身に血液を送り出す方が，大きな力が必要でしょ!?

発想がすばらしいですね。そのとおりなんです。その証拠に，左心室の筋肉のほうが右心室より厚いでしょ!?　というわけで，左右の心室の間の壁に穴があいてしまった場合，血液は圧力の高い左心室から右心室へと流れてしまいますね。これについて正しく記述できている選択肢を探しましょう。左心室の血液（＝肺から戻ってきた血液）の一部が，右心室に行き，また肺に向かって押し出されてしまうから，①が**正解**ですね。

9 血液のはたらき

1 ヘモグロビンによる酸素の運搬

酸素(O_2)濃度と酸素と結合したヘモグロビンの割合との関係をグラフにしたものが「酸素解離曲線」です。

難しそう…

一度ちゃんと理解して解けるようになれば，二度と間違わない「得点源にできるテーマ」です。がんばろうね♪

まずは，**酸素解離曲線**を見てみよう。O_2濃度が高いときは**酸素ヘモグロビン**(←酸素と結合しているヘモグロビン)の割合が高く，O_2濃度が低下すると酸素ヘモグロビンの割合が急激に低下しますね。

また，CO_2濃度が高いと酸素ヘモグロビンの割合が低下するので，CO_2濃度の高い条件でのグラフのほうが下側(赤いグラフ)です！

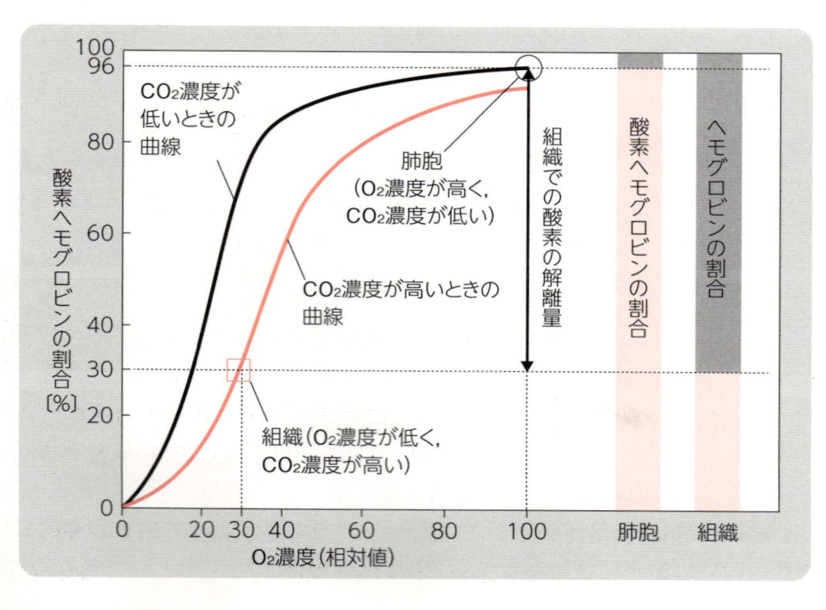

肺胞を流れる血液は，O_2濃度が高く（グラフは肺胞での O_2濃度を100としている），CO_2濃度が低いですね。ですから，CO_2濃度の低い上側の黒いグラフの O_2濃度が100の点（グラフの○印のところ）を読み…，肺胞を流れる血液の酸素ヘモグロビンの割合は96% となります。

「100 人のヘモグロビンのうち 96 人が酸素をもって，4 人が手ぶらで肺を出発した」っていうイメージだね！

一方，組織を流れる血液は O_2濃度が低く（O_2濃度を30としている），CO_2濃度が高いですね。ですから，CO_2濃度の高い下側の赤いグラフの O_2濃度が30の点（グラフの□印のところ）を読み…，組織を流れる血液の酸素ヘモグロビンの割合は30% となります。

「組織を通過しても，肺で酸素をもって出発した 96 人のヘモグロビンのうち 30 人は酸素をもったままでいる」っていうイメージだね！　さあ，組織に酸素をわたしたヘモグロビンは何人かな？

96 人 − 30 人だから…66 人！

正解！　では，全ヘモグロビンのうちで，酸素を解離したヘモグロビンは何 % ？

そりゃ〜，66% ですよ！！

うん，正解！　では，肺で酸素と結合したヘモグロビンのうちで，組織で酸素を解離したヘモグロビンは何 % ？

えっ !?　66% じゃないんですか？　えっ！

全ヘモグロビンのうちで，酸素を解離したヘモグロビンの割合は，酸素を解離したヘモグロビン66人が全ヘモグロビン100人のうちで何 % かということなので，$\frac{66}{100}\times100=66\%$ で OK です。

しかし，肺で酸素と結合したヘモグロビンのうちで，組織で酸素を解離したヘモグロビンの割合となると，組織で酸素を解離したヘモグロビン66人が肺で酸素と結合していた96人のうちの何％かということなので，$\frac{66}{96}\times 100 \fallingdotseq$ 69％となります。

この2つの計算パターンをシッカリと区別することがポイントです。これさえキッチリできれば，酸素解離曲線の計算問題で間違うことはまずありません!!

それでは，一つ練習問題をやってみましょう！

がんばります!!

練習問題

図は，ある哺乳類についての酸素解離曲線である。肺胞での O_2濃度は100（相対値），CO_2濃度は40（相対値）で，組織での O_2濃度は30（相対値），CO_2濃度は70（相対値）であった。

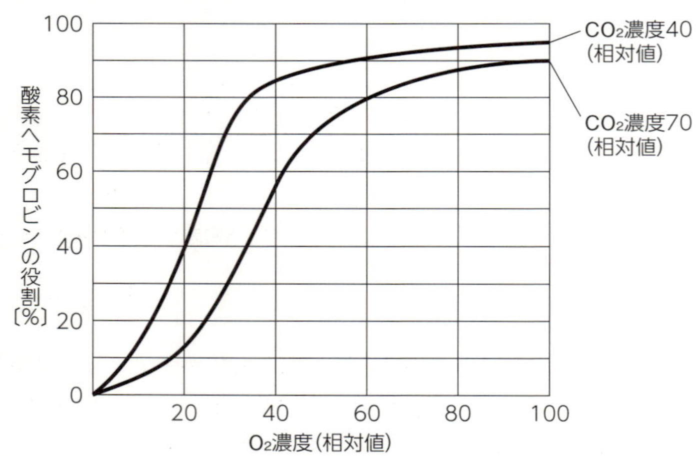

問1　肺胞での酸素ヘモグロビンの割合は何％か？

問2　組織で酸素を解離したヘモグロビンは，全ヘモグロビンの何％か？

問3　動脈血が運んできた酸素の何％が組織に供給されたか？

（オリジナル）

問1　「どのグラフのどの点を読むか？」がポイントです。肺胞での O_2濃度は100ですから，グラフの右端ですね。肺胞での CO_2濃度は40なので，上側のグラフを読みましょう！

95% です !!

問2　**問1**と同様に考えると，組織での酸素ヘモグロビンの割合は30% ですね。「全ヘモグロビンの何 %」という表現に注意してください。すると…，

$\frac{95-30}{100}\times 100=$**65%** となります。

問3　「運んできた酸素の何 %」という表現がポイント！

95 人が運んできた酸素のうちで…，というイメージですね。
「酸素ヘモグロビンのうち何 %」っていう計算ですね。

その通り♪　よって，$\frac{95-30}{95}\fallingdotseq$**68%** となります。

問1　95%　　**問2**　65%　　**問3**　68%

これで，酸素解離曲線の計算は大丈夫かな？
ヘモグロビンと酸素の結合について，次の模式図を見ておこう！

ヘモグロビン(Hb)　＋　酸素(O_2) $\underset{\text{組織}}{\overset{\text{肺胞}}{\rightleftarrows}}$ **酸素ヘモグロビン(HbO_2)**

(暗赤色)

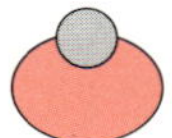
(鮮紅色)

この図からもわかるように，ヘモグロビンは酸素と結合しているときは鮮やかな赤色をしているんだけど，酸素と結合していないときは暗い赤色をしています。だから，動脈血は鮮紅色，静脈血は暗赤色に見えるんです！

2 二酸化炭素の運搬

ところで，組織で生じた二酸化炭素も赤血球が運ぶんですか？

組織で生じた二酸化炭素（CO_2）は，炭酸水素イオン（HCO_3^-）になって，血しょうに溶けて運ばれます。

CO_2の運搬の様子を表した次のページの図を見てみましょう（図中の❶～❹が解説の❶～❹に対応しています）！

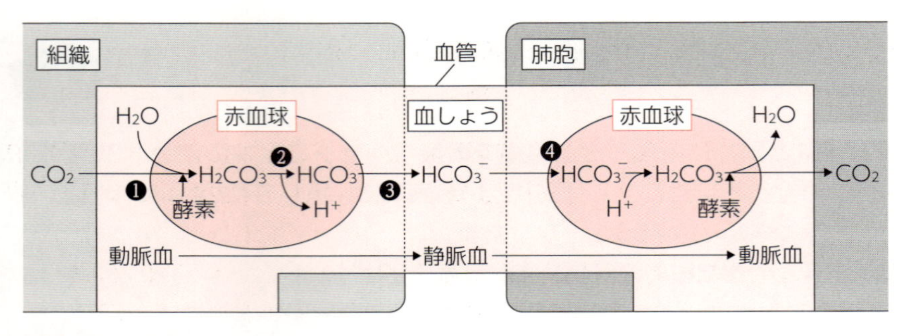

上の図の解説♪

❶組織から受け取ったCO_2は赤血球に入って，酵素のはたらきでH_2CO_3（炭酸）になる。
❷炭酸はH^+（水素イオン）とHCO_3^-（炭酸水素イオン）に分かれる。
❸生じたHCO_3^-は赤血球を出て血しょうに溶け込み，運ばれる。
❹肺胞で，HCO_3^-は再び赤血球に入り酵素のはたらきによりHCO_3^-が再びH_2CO_3になって，さらにCO_2とH_2Oに分かれ…，生じたCO_2は体外へと放出される。

3 血液凝固

ケガをして出血してしまっても，傷が小さければカサブタができて止血できますよね？

最近では，カサブタをつくらないで傷を治すような絆創膏（ばんそうこう）も売られていますよ！

……まぁそうだけど……。
その絆創膏（←商品名はいえません）を使わず，何も使わずに…，自然に傷を治すしくみを説明しますね（汗）

血管が傷ついて出血すると，血小板が傷口に集まって塊（かたまり）をつくります。そして，血小板は凝固因子を出して**フィブリン**という繊維状のタンパク質をつくります。

フィブリン（fibrin）の語源は fiber（繊維）です。
そのまんまの名前ですから覚えやすいですね！

フィブリンは網状になって血球を絡めて**血ぺい**という塊をつくり，これが傷口をふさぐことで出血が止まります。この血ぺいが乾いて固まったものが「カサブタ」です。

血液凝固は採血した血液を試験管に入れて静置した場合などにも起こり，このとき血ぺいは沈殿します。上澄みの薄い黄色の液体を**血清**といいます。

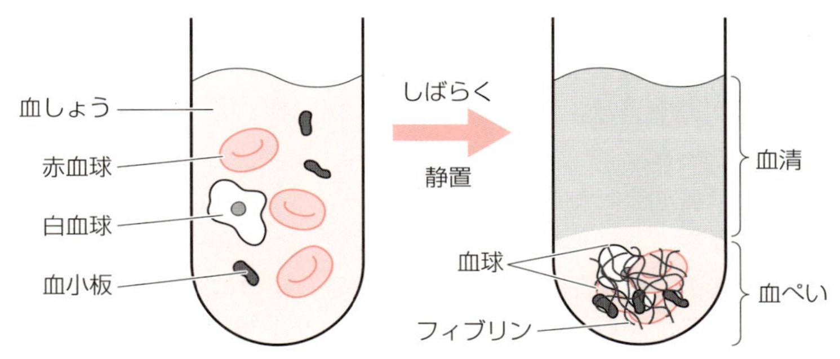

傷口をふさいでいた血ぺいは，そのあとどうなるんですか？

傷ついた血管が修復される頃になると，血ぺいはフィブリンを分解する酵素のはたらきによって溶解します。この現象を**線溶**（フィブリン溶解）といいます。

チェック問題 1

問1　植物のヤナギから抽出された成分を含む薬を飲んだところ，その作用によって，けがで静脈が傷ついた際に，通常よりも出血が止まりにくくなった。このとき，ヤナギに含まれる成分が作用したと考えられる血球として最も適当なものを，次の①～③のうちから一つ選べ。

①　赤血球　　②　白血球　　③　血小板

問2　右の図は酸素解離曲線である。二つの曲線は，一つは肺胞，もう一つは肺胞以外の組織と同等の二酸化炭素濃度のもとで測定した結果である。ヘモグロビンの性質と酸素・二酸化炭素の血中運搬に関する正しい記述を，次の①～⑥のうちから二つ選べ。

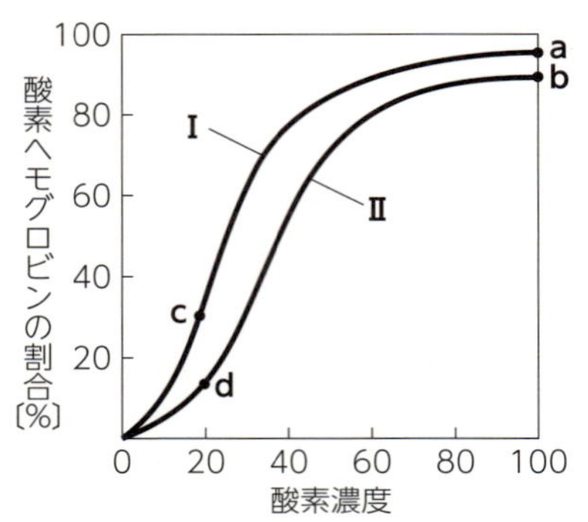

① 肺胞での酸素ヘモグロビンの割合は，点 b で示される。

② 肺動脈を流れる血液中の酸素ヘモグロビンの割合は，点 c で示される。

③ 二酸化炭素濃度が高い条件で測定されたのは曲線Ⅱである。

④ 組織では，点 ad 間の酸素ヘモグロビン量の差だけ，酸素が解離する。

⑤ 組織では，点 bc 間の酸素ヘモグロビン量の差だけ，酸素が解離する。

⑥ 組織では，点 bd 間の酸素ヘモグロビン量の差だけ，酸素が解離する。

（センター試験　追試験・改）

解答・解説

問1　③　　**問2**　③，④

問1　ヤナギの成分によって血液凝固が起こりにくくなったことから，この成分が血液凝固に関わる何かのしくみを阻害したことが予想されます。そうすると，血液凝固において重要な役割を担っている血小板に作用したと考えるのが妥当ですね。

参考までに…，このヤナギに含まれる成分は，アセチルサリチル酸という物質（←覚える必要ないです!!）で，痛み止めとしても使われている物質なんです。

問2　二酸化炭素濃度が高い条件では，酸素ヘモグロビンの割合が低下しますね。よって，③の記述が**正しい**ことがわかります。肺胞は酸素濃度が高く，二酸化炭素濃度が低いので，曲線Ⅰの点 a が肺胞での酸素ヘモグロビンの割合を示しています。よって①は**誤り**。また，肺動脈を流れる血液は静脈血で，二酸化炭素濃度が高いので，点 c ではなく点 d で示されます。よって，②の記述は**誤り**です。

肺胞と組織での酸素ヘモグロビンの割合は，それぞれ点 a と点 d で示されますので，組織で解離する酸素は両者の差，つまり，点 ad 間の酸素ヘモグロビン量の差ということになります。よって，④が**正しい**記述です。

チェック問題 2

ヘモグロビンに関する記述として，正しいものを，次の①～④のうちから二つ選べ。

① 酸素濃度が一定であれば，二酸化炭素濃度が低いほど酸素ヘモグロビンの割合は低い。

② 酸素濃度が一定であれば，二酸化炭素濃度が高いほど酸素ヘモグロビンの割合は低い。

③ 一般にヘモグロビンは肺では酸素と結合し，それ以外の組織では酸素を離す。

④ 一般にヘモグロビンは肺では酸素を離し，それ以外の組織では酸素と結合する。

（センター試験　本試験・改）

解答・解説

②，③

ヘモグロビンについて，念押しの１題です！

ヘモグロビンは「酸素濃度が低い条件」や「二酸化炭素濃度が高い条件」になると，酸素と結合しにくくなる性質がありましたね。

また，ヘモグロビンは肺では酸素を受け取り，組織では離します。

第3章 生物の体内環境

肝臓と腎臓

1 肝臓の構造

ところで，肝臓はどこにあるか，知っていますか？

えっ…，右の脇腹のあたりです…よね？（汗）

正解です♪　下の図は，左はヒトを正面から見た場合の臓器の位置関係を示した図で，右は肝臓の基本構造である**肝小葉**（かんしょうよう）（←肝臓に約50万個あります！）の断面図です。肝臓の項目を読み終えたら，もう一度この図を見直してくださいね。

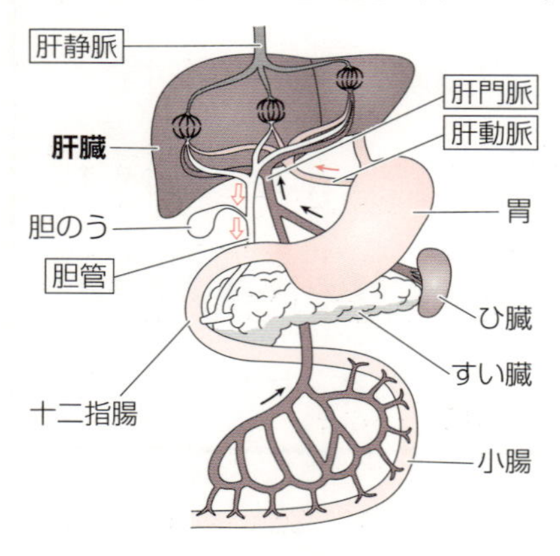

臓器の位置関係

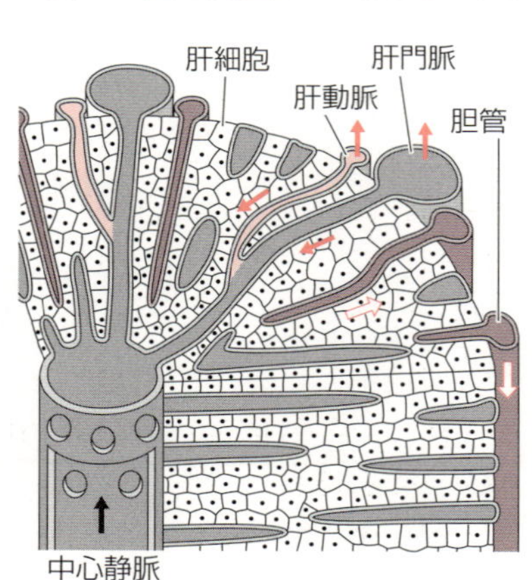

肝小葉の構造

肝臓は成人で1.2〜2.0kg もあり，体内で最大の内臓器官です。肝臓には**肝動脈**と**肝門脈**（⇒ p.48）から血液が流入し，**肝静脈**から血液が流出します。

肝動脈や肝門脈は枝分かれして毛細血管になり，肝小葉の中を流れて，中心静脈に集まります。そして，他の肝小葉の中心静脈と合わさって肝静脈になります。

肝門脈のほうが肝動脈より太いんです。肝臓に流入する血液量は，肝門脈のほうが肝動脈の約４倍も多いんですよ！

2 肝臓のはたらき

肝臓は「からだの万能化学工場」とよばれることもあるくらいさまざまなはたらきをもっていますよ！

肝臓のはたらきの中で重要なものを挙げていきます。肝臓の重要なはたらきTOP7の発表!! キリがよくないのですが…。

❶血しょう中に含まれるさまざまなタンパク質の合成

アルブミンや血液凝固に関わるタンパク質など，さまざまな血しょう中のタンパク質を合成する。

アルブミンの語源は「albumen(卵白)」です。卵の白身に含まれるタンパク質の多くがアルブミンです！

アルブミンはさまざまな物質をくっつけて，血液の流れに乗ってそれらを運搬しています。

❷血糖濃度(⇒ p.77)の調節

血液中のグルコースを取り込んで肝細胞内で**グリコーゲン**を合成して貯蔵する。また，血糖濃度低下時にはグリコーゲンを分解してグルコースをつくったり，タンパク質からグルコースをつくり(←タンパク質の糖化)，生じたグルコースを血液中に放出したりして，血糖濃度を調節する。

❸解毒(げどく)作用

アルコールや薬物などを，酵素によって分解処理する。

❹尿素の合成

アミノ酸を分解した際に生じる有害なアンモニアを，毒性の低い**尿素(にょうそ)**に変える。

❸はお酒を飲み過ぎて肝臓が…，というやつですね。

そうそう！ 僕も飲みすぎには気をつけないと…，
❹の尿素の合成は，「解毒」の超重要な例ですね。

第3章 生物の体内環境

❺胆汁の生成

胆汁は**胆管**を通して十二指腸に分泌され，脂肪の消化を助ける。

❻古くなった赤血球の破壊

赤血球の分解産物は，胆汁中に排出される。

❼発熱

さまざまな代謝により発熱し，体温の保持に関わる（⇒ p.83）。

胆汁については説明を追加します！

胆汁には，肝臓の**解毒作用**によって生じた不要な物質や，ヘモグロビンを分解して生じた**ビリルビン**とよばれる物質などが含まれています。胆汁は，いったん**胆のう**に貯められ，食物が十二指腸に達すると放出され，小腸での脂肪の消化・吸収を促進します。

ビリルビンは強い褐色の色素なんだ！ ビリルビンの多くはそのまま腸を通って…，体外に出ていく。
これが「う●ち」の基本カラーになる。

およびですか？

いや…，君をよんだ覚えはない !!

チェック問題 1 基本 1分

ヒトの肝臓の機能についての記述として正しいものを，次の①～④のうちから二つ選べ。

① タンパク質を合成して，血しょう中に放出する。
② 胆汁を貯蔵して，十二指腸に放出する。
③ 尿素を分解して，アンモニアとして排出する。
④ 発熱源となり，体温の保持に関わる。

（オリジナル）

解答・解説

①，④

胆汁をつくるのは肝臓ですが，貯蔵する場所は胆のうでしたね。よって，②は誤りです。また，肝臓ではアンモニアから尿素をつくります。よって，③も誤りの記述となります。

なお，④については体温調節(⇒ p.83)のしくみを学んでしまえば，正しい記述だと容易に判断できるようになります！　しばし，お待ちください。

3 腎臓の構造

次の腎臓の断面図を見てごらん！　腎臓の形…，何かに似ていると思わない？

えっ!?　えぇ～っと…，私の家のテーブルがこんな形してます！

まぁ，そうなのかもしれないけど（汗）。豆！　豆の形に見えないかな？
腎臓は英語で kidney，インゲンマメは英語で kidney bean だ！
腎臓みたいな形のマメってことだね。

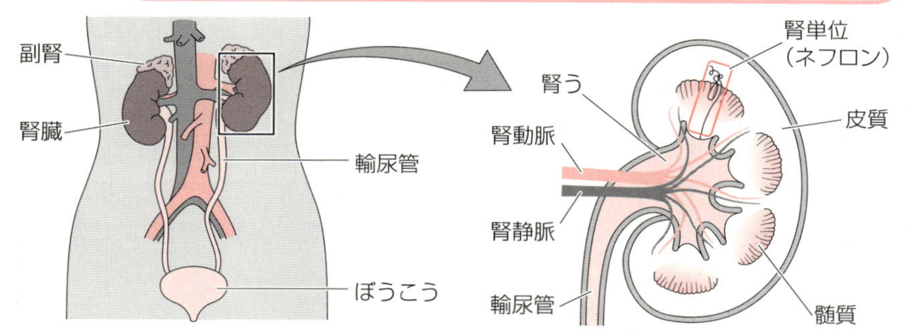

腎臓は腹部の背側の左右に1対存在する臓器で，尿をつくっています。右半身には肝臓があるので，右側の腎臓のほうがちょっと下にあります。腎臓には**腎動脈**(じんどうみゃく)，**腎静脈**(じんじょうみゃく)，**輸尿管**(ゆにょうかん)がつながっています。腎臓は皮質(ひしつ)，髄質(ずいしつ)，**腎う**という3つの部分から構成されていて，つくられた尿は腎うに溜(た)められ，輸尿管によって**ぼうこう**に運ばれます。

腎動脈は腎臓に入ると枝分かれし，下の図のように毛細血管が球状に密集した**糸球体**となります。糸球体は**ボーマンのう**に包まれており，両者を合わせて**腎小体**といいます。

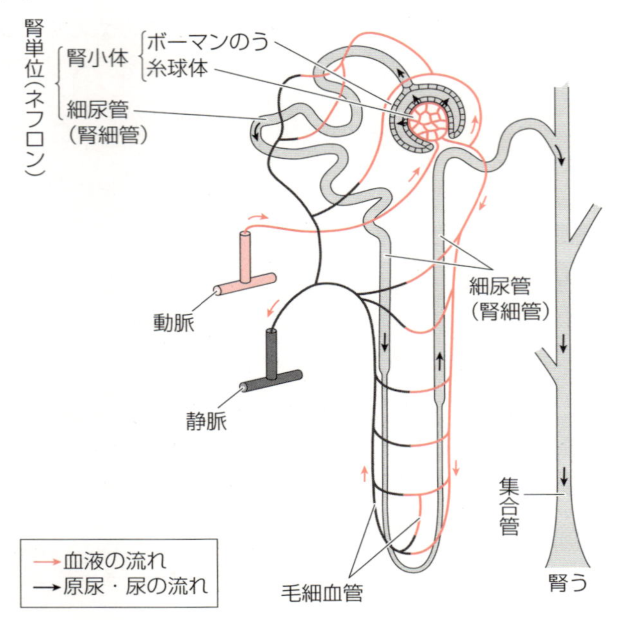

ボーマンのうは**細尿管**(腎細管)という管につながっており，細尿管が多数集まって**集合管**になり，腎うにつながります。腎小体と細尿管を合わせて**腎単位**(ネフロン)といい，これが腎臓の構造の基本単位で，1つの腎臓には腎単位が約100万個あります。腎単位は腎臓の皮質と髄質にかけて存在しています！よ～く上の図を見ておいてくださいね。

細尿管が一度腎うの方に行って…，Uターンして…，集合管はまた腎うの方へ向かっていくんですね！！

4 尿生成のしくみ

腎臓ではどうやって尿をつくるんですか？

ろ過，再吸収という２つのステップでつくります。順番に学びましょう！

❶ ろ　過

糸球体は血管が細く，血圧がとても高くなっています。この血圧によって血しょうの一部がボーマンのうへと押し出されます。このプロセスを**ろ過**，ボーマンのうへ押し出された液体を**原尿**（げんにょう）といいます。

なお，血球は大きいのでボーマンのうへろ過されません。また，タンパク質も分子が大きいのでろ過されません。それ以外の水，Na^+，グルコース，尿素などはろ過されます。

ろ過される物質の濃度は，血しょう中と原尿中で同じとみなすことができます。

原尿にはグルコースやNa^+といった必要な物質も多く含まれていますね。

そのとおり！　だから，必要な物質は血液に戻します！このプロセスが次の再吸収です。

❷ 再 吸 収

原尿は，細尿管から集合管へと流れていきます。このとき，からだに必要な物質（水，Na^+，グルコースなど）は細尿管を取り巻く毛細血管へと**再吸収**されます。さまざまな物質を再吸収されながら細尿管を通過した原尿は集合管に入り，ここでさらに水が再吸収されて尿が完成します。

細尿管では水やさまざまな物質が，集合管ではさらに水が再吸収されるんですね！　知らなかったぁ～。

どの程度再吸収されるかは物質ごとに異なります。からだに必要な物質は高い割合で再吸収されますが，老廃物などはあまり再吸収されません。また，**ホルモン**によって再吸収が調節されるものもあります(⇒ p.77)。下の図は尿生成のしくみを表す模式図です！

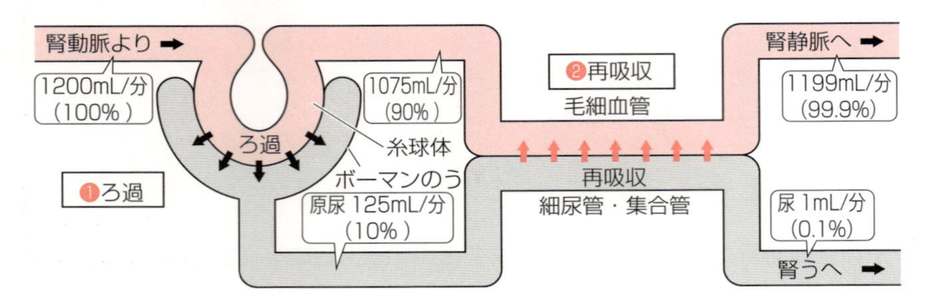

腎臓といえば…，計算問題をチャンと解けるかどうかが重要ですね。まずは…**濃縮率**(のうしゅくりつ)です！ 濃縮率は注目している物質について，次式で表されます。

$$\text{濃縮率} = \frac{\text{尿中濃度}}{\text{血しょう中濃度}}$$

濃縮率は，尿生成の過程で濃度が何倍になったか，ということです。老廃物はあまり再吸収されずに尿中に排出されますから，濃縮率が大きな値になりますね。

それでは，一つ練習問題をやってみましょう！

がんばります！！

練習問題

次のページの表は，ヒトの静脈にイヌリンを投与し，血中濃度が一定になったところで血しょう，原尿，尿中のイヌリンおよび主な成分の濃度〔mg/mL〕を測定したものである。これについて，**問1～3**に答えよ。ただし，イヌリンは人体に無害な物質で，血しょう濃度のまま原尿に入り，細尿管で再吸収されない。また，1分間あたりの尿の生成量は1mLとする。なお，解答はすべて四捨五入をして整数値で答えよ。

	イヌリン	タンパク質	グルコース	Na^+	尿素
血しょう	0.4	80.0	1.0	3.0	0.3
原尿	0.4	0.0	1.0	3.0	0.3
尿	48	0.0	0.0	3.3	20.0

〔mg/mL〕

問1　尿素の濃縮率を四捨五入により整数値で求めよ。
問2　5分間に尿中に排出されるイヌリンの質量〔mg〕を求めよ。
問3　5分間につくられる原尿の体積〔mL〕を求めよ。

（オリジナル）

問1　さあ，尿素の濃縮率を求めよう！

これは公式に代入するだけですね。 $\frac{20.0}{0.3}$ ≒ **67** です！

OK です！

問2　どうやって求めますか？

えっと，5 分間に生成した尿の体積にイヌリンの濃度をかければいいので，5mL × 48〔mg/mL〕 = **240mg** ですね。

問3　これはわかるかな??

ええっと，原尿の体積ってどうやって求めるんだろう…？

問題文より「イヌリンはろ過されるが再吸収されない」ということが読み取れるでしょ？　つまり，ろ過されたイヌリンはそのすべてが尿中に排出されるということですよ。だから，次のような関係式が成立します。

ろ過されたイヌリンの質量＝排出されたイヌリンの質量

5分間につくられる原尿の体積を x(mL)とすると，次のような関係式が成立することになります。

$$x\text{(mL)} \times 0.4\text{mg/mL} = 5\text{mL} \times 48\text{mg/mL} \quad \cdots ①$$

この式を解くと……，x ＝600mL となります。

解答　**問1**　67　　**問2**　240mg　　**問3**　600mL

第3章 生物の体内環境

せっかくなので，この問題をもう少し味わおう！

①の計算式を変形すると…，$x = 5\text{mL} \times \dfrac{48\text{mg/mL}}{0.4\text{mg/mL}}$ ですね。これは，尿量（尿の体積）にイヌリンの濃縮率をかけたことになります。ちょっと便利な公式を教えちゃいましょう！

原尿量＝尿量×再吸収されない物質（イヌリンなど）の濃縮率

ちゃんと理解できました！　完璧ですっ！

すばらしい (^^)v
ところで…，ろ過された尿素の何％くらいが再吸収されたか，わかるかな？

どさくさに紛れて，問題出してきた… (-“-)

まぁまぁ，怒らずに♪

5分間でろ過された尿素は600mL ×0.3mg/mL ＝180mg，5分間で尿中に排出された尿素は5mL ×20.0mg/mL ＝100mg ですね。ということは，5分間に再吸収された尿素はいくらになりますか？

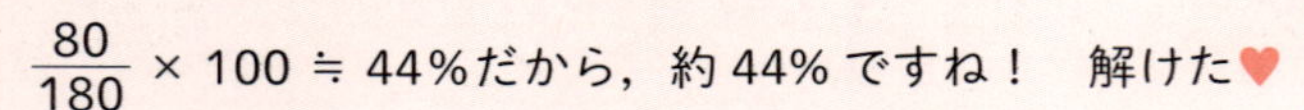

180 − 100 ＝ 80mg です…あっ！
$\dfrac{80}{180} \times 100 \fallingdotseq 44\%$ だから，約 44% ですね！　解けた♥

完璧です。このような再吸収される割合は**再吸収率**といいます。健康なヒトの場合，グルコースはすべて再吸収されるからグルコースの再吸収率は100%です。水や Na^{+} は99% くらいになります。イヌリンの再吸収率はもちろん0% です！

余談ですが，イヌリンは食物繊維の一種で食品添加物としてよく使われています。お菓子やドリンクなんかの原材料のところを見ると「イヌリン」って書いてあるものもあるから，意識してみてください。

チェック問題 2

 標準 

次の図はヒトの腹部の横断面を模式的に表したものである。図中の**ア**～**カ**のうち肝臓，腎臓を示すものはそれぞれどれか。最も適当なものを，下の①～⑥のうちから一つずつ選べ。

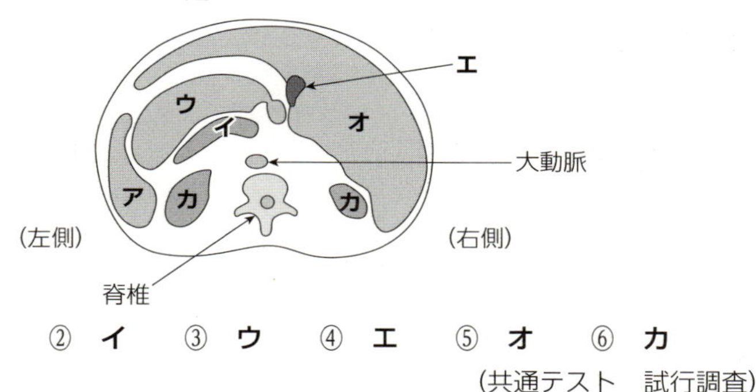

① **ア**　② **イ**　③ **ウ**　④ **エ**　⑤ **オ**　⑥ **カ**

(共通テスト　試行調査)

解答・解説

肝臓：⑤，腎臓：⑥

肝臓の大部分は右半身にあり，最大の臓器であるという知識を踏まえて図を吟味すると，**オ**と予想することができますね。腎臓は左右に1対あることから，**カ**と予想できます。なお，**ア**はひ臓，**イ**はすい臓，**ウ**は胃，**エ**は胆のうです。教科書などの臓器の配置の図をよ～く眺めながら対応させてください！　よい脳トレになりますよ！

チェック問題 3

問1　健康なヒトの腎臓のはたらきに関する記述として最も適当なものを，次の①～④から一つ選べ。

① 血しょう中のタンパク質の全量が，原尿中に出てくる。

② 血しょうからろ過されるグルコースの全量が，細尿管で再吸収される。

③ 1分間に腎動脈を流れる血しょうの体積と，1分間にろ過されて生成される原尿の体積は等しい。

④ 尿は，肝臓で合成される尿素より，腎臓で合成される尿素を多く含む。

問2　腎臓において，各物質が再吸収されずに尿へと送られる効率は，濃縮率で表すことができる。下の表は，健康なヒトにおけるさまざまな物質の血しょう中の濃度(質量パーセント)，原尿中および尿中に含まれる1日あたりの量と，濃縮率を示している。表の空欄**ア**～**ウ**に入る数値の適当な組合せを，下の①～⑧のうちから一つ選べ。

物質名	血しょう〔%〕	原尿〔g/日〕	尿〔g/日〕	濃縮率
水	91.0	170000	1425	1
タンパク質	7.5	**ア**	0	0
グルコース	0.1	**イ**	0	0
尿素	0.03	51	27	**ウ**
クレアチニン	0.001	1.7	1.5	100

	ア	**イ**	**ウ**		**ア**	**イ**	**ウ**
①	0	0	60	②	0	0	900
③	0	170	60	④	0	170	900
⑤	13000	0	60	⑥	13000	0	900
⑦	13000	170	60	⑧	13000	170	900

(センター試験　本試験・改)

解答・解説

問1　②　　**問2**　③

問1　設問文に「健康なヒト」とあるので，グルコースの再吸収率は100%であり，②が**正しい**記述です。タンパク質はろ過されないので①は**誤り**，血しょうの一部が原尿となるので③も誤り，腎臓で尿素はつくられないので④も**誤り**です。

問2　〔g/日〕という速度，〔%〕という濃度が与えられていますが，これらを厳密に計算するのは非常に非常に極めてとっても困難です！　厳密な計算をせずに正解を決定することを要求されている問題です。
タンパク質はろ過されないので**ア**は0，グルコースはろ過されるので**イ**は0ではありません。**ウ**は尿素とクレアチニンの量を見比べて…，尿素のほうが再吸収されている割合(再吸収率)が高いので，濃縮率が小さくなるということが見抜ければOKですよ！

第３章　生物の体内環境

体内環境の維持のしくみ

1 自律神経系

自律神経はautonomic nervesです。autonomyは「自治」っていう意味だね。意識に支配されず，勝手にはたらいてくれる神経というニュアンスになるね。

僕たちの**体内環境**(⇒ p.45)は**自律神経系**(じりつしんけいけい)と**内分泌系**(ないぶんぴけい)が協調してはたらくことで調節されています。

自律神経系には**交感神経**(こうかんしんけい)と**副交感神経**(ふくこうかんしんけい)があり，**間脳**(かんのう)の**視床下部**(ししょうかぶ)に支配されています。交感神経は活動時や興奮時に，副交感神経は食後や休息時などのリラックスしたときにはたらきます。

右のイラストは，交感神経のはたらきのイメージを表現した図だよ！

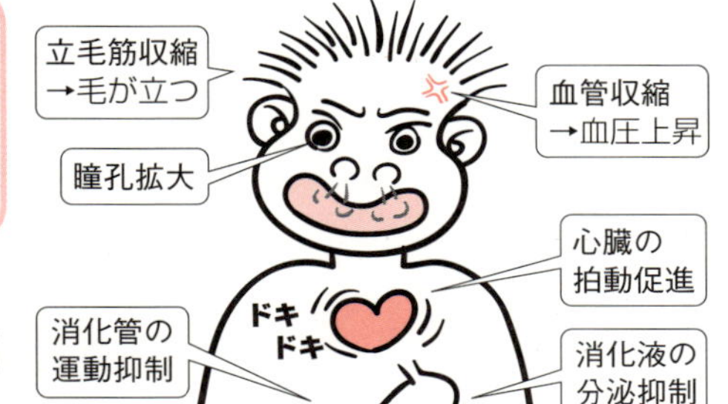

なかなかヤバいイラストですが…，イメージはよくわかりました。

イメージをつかんだところで，交感神経と副交感神経のはたらきを確認してみよう！　イメージをつかめれば簡単に覚えられるよ。

対象となる器官	交感神経	副交感神経
ひとみ(瞳孔)	拡大	縮小
心臓の拍動	促進	抑制
気管支	拡張	収縮
消化管の運動	抑制	促進
ぼうこうの運動(排尿)	抑制	促進
立毛筋	収縮	分布していない

下の図を見たことあるかな？

こんな複雑な図，覚えられないです!!

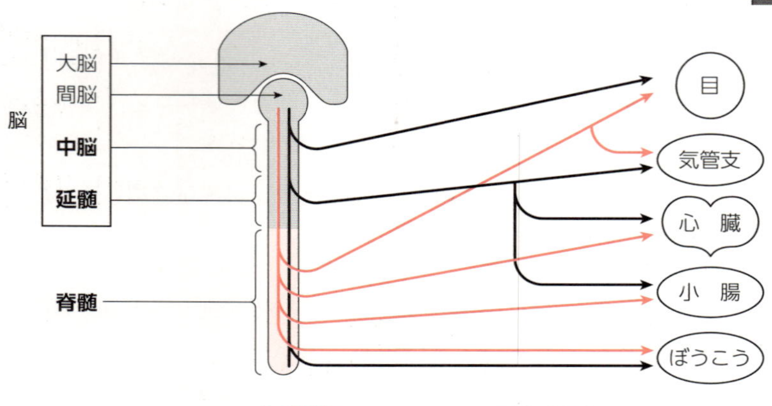

交感神経はすべて**脊髄**(せきずい)から出ています。副交感神経は一部が**脊髄**の下部から，大部分が脳(**中脳**(ちゅうのう)と**延髄**(えんずい))から出ています。

交感神経と副交感神経がどこから出ているかはシッカリと押さえてくださいね。

2 神経系

神経系についてサラッとまとめます！

ヒトを含めた脊椎動物の神経系は**中枢神経系**(ちゅうすうしんけいけい)と**末梢神経系**(まっしょうしんけいけい)に分けられます。中枢神経系は脳(←大脳，間脳，中脳，小脳，延髄など)と脊髄のことです。末梢神経系は全身に張り巡らされた神経で，自律神経系と**体性神経系**(たいせいしんけいけい)に分けられます。なお，体性神経系は運動や感覚に関係する**運動神経**と**感覚神経**に分けられます！　これらの神経系は，次のページの図のようにまとめられます。

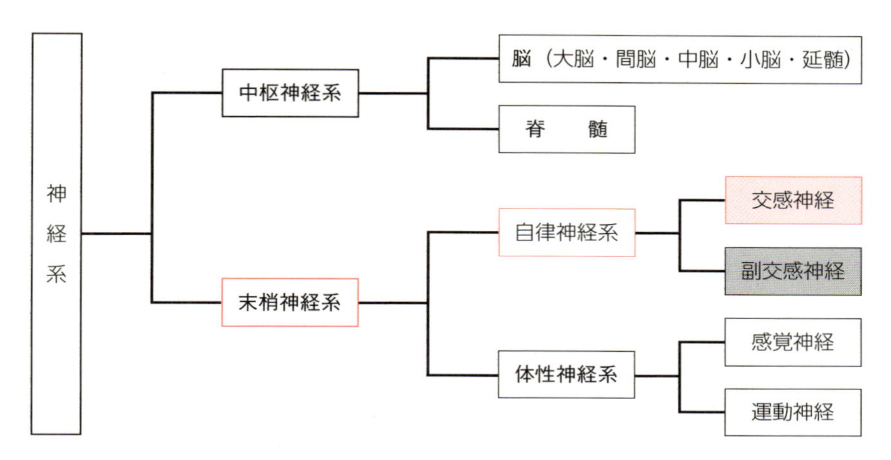

3 心臓の拍動調節

ハァハァ…走ってきたから疲れた（´Д｀）
走ったら心臓の拍動が速く…なるよね…，ハァ〜…

心臓（⇒ p.49）は心臓自身が一定のリズムで拍動する性質をもっていますが，自律神経系によって拍動のスピードや強さが調節されています。

運動などによって血液中の二酸化炭素濃度が変化すると，延髄にある心臓の拍動中枢でこれが感知されます。すると，心臓の洞房結節（ペースメーカー）に分布している交感神経と副交感神経を介して，心臓の拍動を調節することができます。

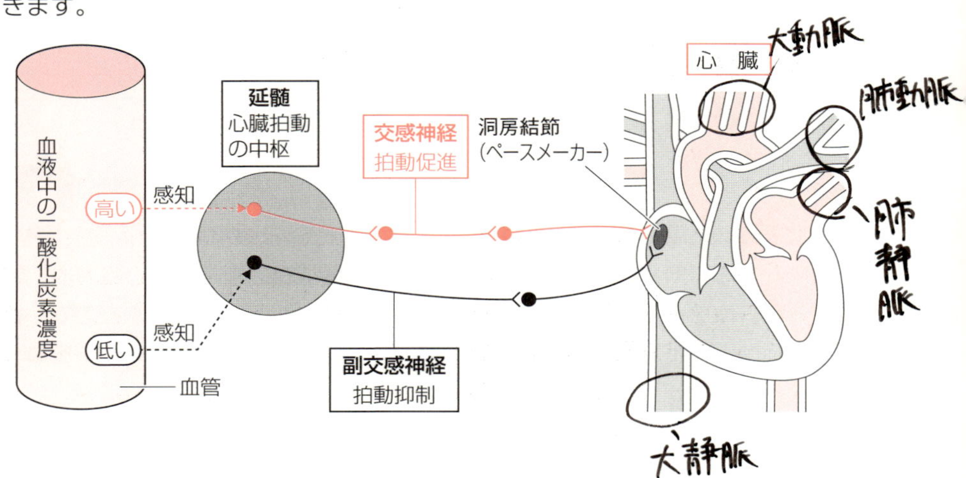

チェック問題 1　易　1分

胃腸の運動と心臓の拍動に対する交感神経の作用の組合せとして最も適当なものを，次の①～④から一つ選べ

	胃腸の運動	心臓の拍動
①	促進	促進
②	促進	抑制
③	抑制	促進
④	抑制	抑制

（センター試験　追試）

解答・解説

③

71ページの表を覚えているかどうかを確認する問題です。交感神経のイメージをつかめていれば，正解を選べますね！

4 ホルモンの分泌とその調節

ホルモンの語源はギリシャ語で「刺激する，呼び覚ます」という意味の単語です。

ホルモンは**内分泌腺**（ないぶんぴせん）から血液中に直接分泌され，血液によって全身を巡り，特定の器官の細胞（**標的細胞**（ひょうてきさいぼう））に対して特異的にはたらきかけます。

全身に運ばれるのに，どうして特定の細胞だけに作用できるんですか？

いいところに目をつけましたね！　標的細胞は特定のホルモンと特異的に結合する**受容体**（じゅようたい）をもっています。ホルモンは受容体に結合して作用するので，標的細胞だけに作用できるんですよ！　次のページの図のようなイメージをもっておくとよいでしょう。

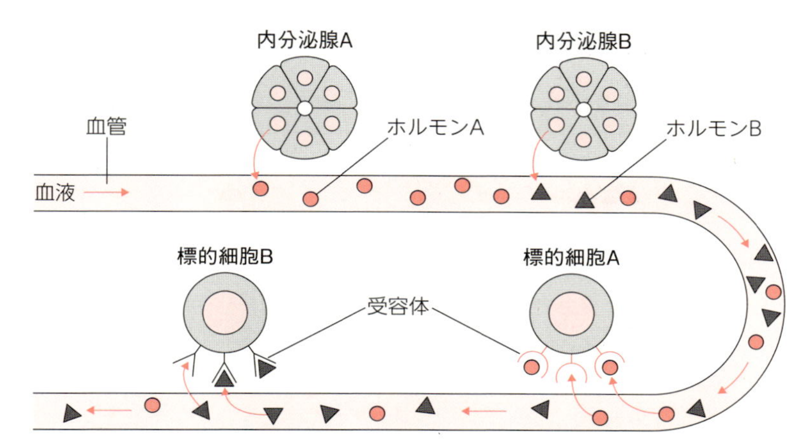

なお，ホルモンは1902年にベイリスとスターリングによって発見されました。最初に発見されたホルモンは，**十二指腸**から分泌され，すい臓に作用してすい液（←すい臓から十二指腸に分泌される消化液）の分泌を促進する**セクレチン**というホルモンです。

内分泌腺にはどんなものがあるんですか？

脳下垂体，甲状腺，副腎，すい臓のランゲルハンス島…，いろいろありますが，まずは脳下垂体について学びましょう。

脳下垂体（のうかすいたい）は，間脳の視床下部にぶら下がるような位置，形でついている（注：本当にプランッとぶら下がっているわけではありません!!!）ことから，このような名前がつけられました。脳下垂体は**前葉**（ぜんよう）と**後葉**（こうよう）とよばれる2つの部分からなります。

脳下垂体には右の図のように毛細血管や**神経分泌細胞**（しんけいぶんぴさいぼう）が存在しています。なお，神経分泌細胞とはホルモンを分泌する神経細胞のことです！　前葉は血管を介して視床下部からのホルモンによって支配されています。一方，神経分泌細胞は視床下部から後葉の毛細血管まで伸びていますね。**バソプレシン**は，この神経分泌細胞によって分泌されるホルモンです。

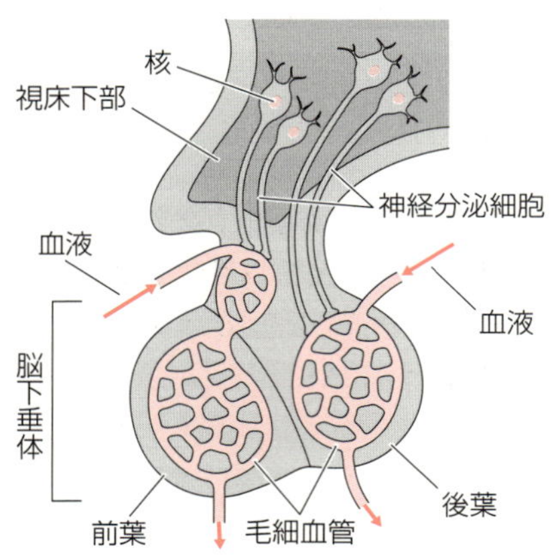

第3章 生物の体内環境

バソプレシンは腎臓の集合管（⇒ p.64）に作用して，水の再吸収を促進するホルモンです。バソプレシンの分泌が促進されると，尿量は減少し，尿の濃度が高くなります！

ホルモンの分泌はとっても巧みに調節されています！ **甲状腺**（こうじょうせん）から分泌される**チロキシン**を例に説明します。右の図を見ながら読んでください！

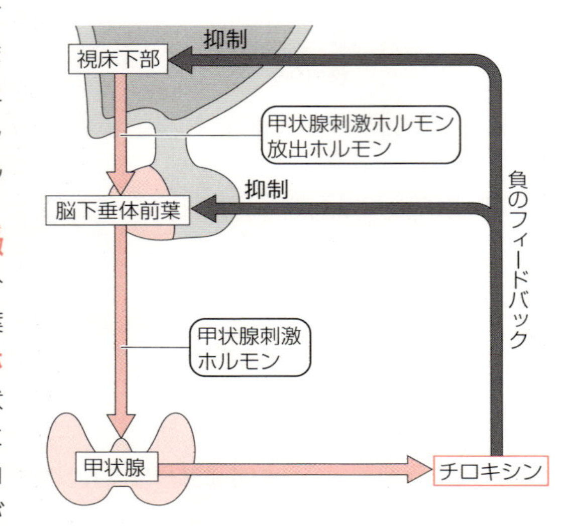

視床下部から**甲状腺刺激**（しげき）**ホルモン放出**（ほうしゅつ）**ホルモン**が分泌され，これが脳下垂体前葉に作用すると**甲状腺刺激ホルモン**が分泌されます。甲状腺刺激ホルモンが甲状腺に作用すると，甲状腺からチロキシンが分泌されます。やがて，チロキシンの濃度が高まると，チロキシンが視床下部や脳下垂体前葉に作用して，ホルモンの分泌を抑制します。

「チロキシン余ってるよ～！　ホルモン分泌止めて～！」って感じですね。

このように，最終産物や最終産物による効果が最初の段階に戻って全体を調節することを**フィードバック調節**といいます！

ところで，チロキシンはどんなはたらきをするんですか？

せっかくですので，次のページに代表的なホルモンについて，内分泌腺と分泌されるホルモン，はたらきをまとめておきます。

内分泌腺		ホルモン	主なはたらき
視床下部		放出ホルモン 放出抑制ホルモン	脳下垂体前葉からのホルモン分泌の調節
脳下垂体	前葉	成長ホルモン	タンパク質の合成促進，骨の発育促進
		甲状腺刺激ホルモン	チロキシンの分泌促進
		副腎皮質刺激ホルモン	糖質コルチコイドの分泌促進
	後葉	バソプレシン	集合管での水の再吸収促進
甲状腺		チロキシン	代謝促進
副甲状腺		パラトルモン	血中の Ca^{2+} 濃度上昇
十二指腸		セクレチン	すい液の分泌促進
副腎	髄質	アドレナリン	グリコーゲンの分解促進
	皮質	糖質コルチコイド	タンパク質からの糖の合成促進
		鉱質コルチコイド	腎臓での Na^{+} の再吸収促進 腎臓での K^{+} の排出を促進
すい臓ランゲルハンス島		インスリン	グリコーゲンの合成促進 細胞のグルコース取り込み促進
		グルカゴン	グリコーゲンの分解促進

成長ホルモンはその名のとおり成長を促進するホルモンです。骨の発育を促進するほか，筋肉などの成長のために必要なタンパク質の合成を促進するはたらきもあります。

パラトルモンは，血中のカルシウムイオン(Ca^{2+})濃度が低下すると分泌され，骨を溶かしたり，原尿からの Ca^{2+} の再吸収を促進したりして，血中の Ca^{2+} 濃度を上昇させます。

鉱質コルチコイドは，腎臓の細尿管や集合管でのナトリウムイオン(Na^{+})の再吸収を促進したり，カリウムイオン(K^{+})の尿への排出を促進したりします。これによって体液中の Na^{+}，K^{+} の濃度を調節しています。

成長ホルモン，パラトルモン，セクレチン，鉱質コルチコイド以外のホルモンは後のページで登場します！

5 血糖濃度の調節

いきなりですが…，血糖濃度の意味はわかっていますか？

「血液中の糖の濃度」じゃないんですか？？

ブッブー！ **血糖濃度**は「血液中のグルコースの濃度」です。グルコース以外の糖が溶けていても血糖としてはカウントされません！ ヒトの血糖濃度は，食事によって上昇したり，運動によって低下したりしますが，**0.1%**（≒**1mg/mL**）になるように調節されています。

血糖濃度は，次の図のように調節されているんですよ。

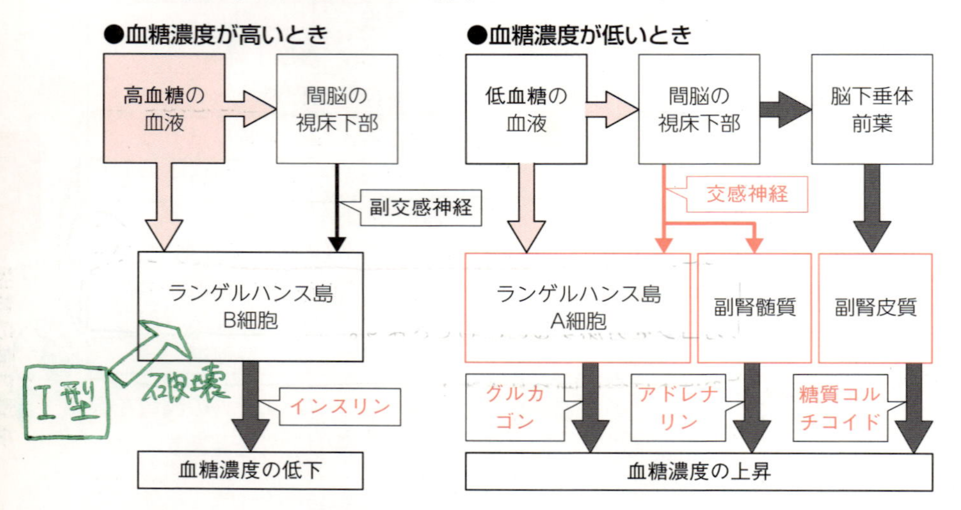

食事などによって血糖濃度が上昇すると，視床下部がこれを感知し，副交感神経によってすい臓のランゲルハンス島のB細胞を刺激します。すると，ここから**インスリン**が分泌されます。

「食事をしたら副交感神経」のイメージですね！

すばらしい！ そのとおりだね♪ 実は，上の図からもわかると思うけど，ランゲルハンス島のB細胞自身も血糖濃度の上昇を直接感知して，インスリンを分泌することができます。

インスリンは肝臓や筋肉に作用し，ここでの**グリコーゲン**の合成を促進します。また，さまざまな細胞に対して作用し，標的細胞によるグルコースの取り込みや消費を促進します。

あのぉ…，グリコーゲンって何ですか？

グリコーゲンというのはグルコースがたくさんつながった物質です。肝臓や筋肉の細胞内でグリコーゲンをどんどんつくれば，グルコースがどんどん取り込まれて，血糖濃度は低下します！

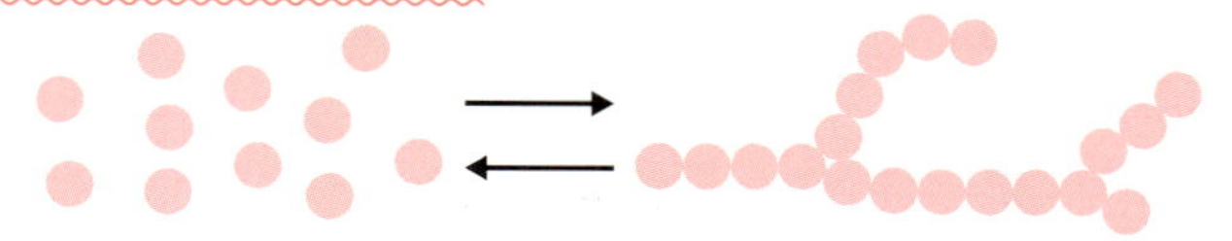

では，逆に激しい運動などで血糖濃度が低下すると，視床下部が感知して**交感神経**を通じて**副腎髄質**（ふくじんずいしつ）から**アドレナリン**が分泌されます。アドレナリンは肝臓に作用してグリコーゲンを分解してグルコースをつくらせ，血糖濃度を上昇させます。また，交感神経の刺激によってすい臓の**ランゲルハンス島Ａ細胞**から**グルカゴン**が分泌されます。グルカゴンもアドレナリンと同様にグリコーゲンの分解を促進します。また，ランゲルハンス島Ａ細胞自身が血糖濃度の低下を感知してグルカゴンを分泌することもできます。

血糖濃度の低下は命に関わります！
血糖濃度の低下に対する応答はまだあります!!

間脳の視床下部は**脳下垂体前葉**を刺激して**副腎皮質刺激ホルモン**を分泌させ，その結果，**副腎皮質**から**糖質コルチコイド**が分泌されます。糖質コルチコイドはさまざまな組織の細胞に対して作用し，タンパク質からグルコースを合成させ，血糖濃度を上昇させます。

糖質コルチコイドは強いストレスが加わったときにも分泌されることが知られています。強いストレスが継続的に加わると，血糖濃度が高くなってしまいます。

受験が迫ってきた受験生は，血糖濃度が高くなる傾向にあるんですね。

6 糖尿病

糖尿病は，血糖濃度が高い状態が続く病気です。糖尿病の原因はさまざまですが，ランゲルハンス島のB細胞が破壊され，インスリンが分泌できなくなることが原因の糖尿病を**Ⅰ型糖尿病**（⇒ p.99）といいます。そして，これ以外の原因による糖尿病を**Ⅱ型糖尿病**といいます。Ⅱ型糖尿病には，B細胞の破壊とは別の原因でインスリンが分泌できない場合，標的細胞がインスリンに反応できない場合などさまざまな原因があります。

生活習慣病として扱われる糖尿病はⅡ型糖尿病です。日本人の糖尿病患者の多くはⅡ型糖尿病で，食事や運動などの生活習慣の見直しを必要とする場合が多いですね。

血糖濃度が高くなると腎臓で原尿中のすべてのグルコースを再吸収しきれなくなり，尿中にグルコースが排出されるため，糖尿病とよばれます。血糖濃度が高い状態が続くと腎臓に負担がかかるだけでなく，動脈硬化が起こり，心筋梗塞や脳梗塞のリスクが高まることがわかっています。

さて，問題です！　次のグラフは健康な人と糖尿病の患者のAさんとBさんの食事前後の血糖濃度とインスリン濃度の変化のグラフです。AさんとBさんのどちらかがⅠ型糖尿病，他方がⅡ型糖尿病です。さぁ，Ⅱ型糖尿病なのはどちらでしょうか？

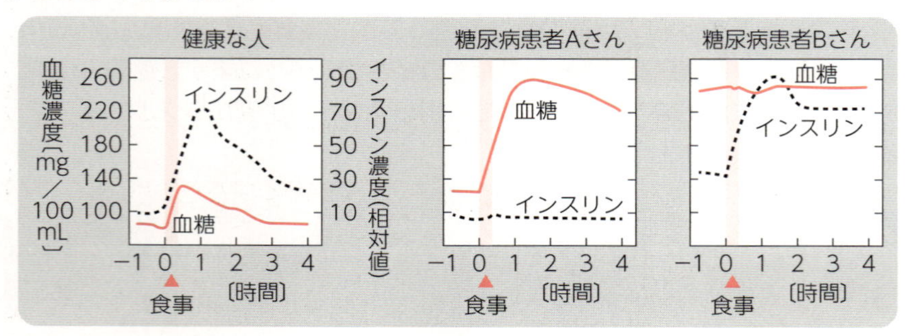

Ⅰ型糖尿病ではインスリンを分泌できないので，食後にインスリンがふえているBさんがⅠ型糖尿病ってことはないですね！　だから…，Ⅱ型糖尿病はBさん！

完璧。

チェック問題 2

標準　1分

ネズミの甲状腺を手術によって除去し，10日後に調べたところ，手術前と比べて代謝が低下していた。このとき，ネズミの血液中で，最も増加していると推定されるホルモンを，次の①～⑥のうちから一つ選べ。

① チロキシン	② インスリン	③ 成長ホルモン
④ 鉱質コルチコイド	⑤ 甲状腺刺激ホルモン	⑥ パラトルモン

（センター試験　本試験・改）

解答・解説

⑤

甲状腺を除去したことでチロキシン濃度が低下し，これが視床下部や脳下垂体前葉にフィードバックするため，甲状腺刺激ホルモンが増加すると考えられます。

チェック問題 3

2分

糖尿病は大きく二つに分けられる。一つは，Ⅰ型糖尿病とよばれ，インスリンを分泌する細胞が破壊されて，インスリンがほとんど分泌されない。もう一つは，Ⅱ型糖尿病とよばれ，インスリンの分泌量が減少したり，標的細胞へのインスリンの作用が低下する場合で，生活習慣病の一つであるものが多い。

問1　血糖濃度の調節に関する記述として**誤っているもの**を，次の①～⑤のうちから一つ選べ。

① インスリンは，細胞へのグルコースの取り込みを促進する。

② グルカゴンは，肝臓などの細胞に作用して，血糖濃度を上昇させる。

③ アドレナリンは，グルコースの分解を促進し，血糖濃度を上昇させる。

④ 副腎皮質刺激ホルモンは，糖質コルチコイドの分泌を促進する。

⑤ 糖質コルチコイドは，タンパク質からグルコースの合成を促進し，血糖濃度を増加させる。

問2　健康な人，糖尿病患者Ａおよび糖尿病患者Ｂにおける，食事開始前後の血糖濃度と血中インスリン濃度の時間変化を図に示した。図から導かれる記述として適当なものを，次のページの①～⑥のうちから二つ選べ。

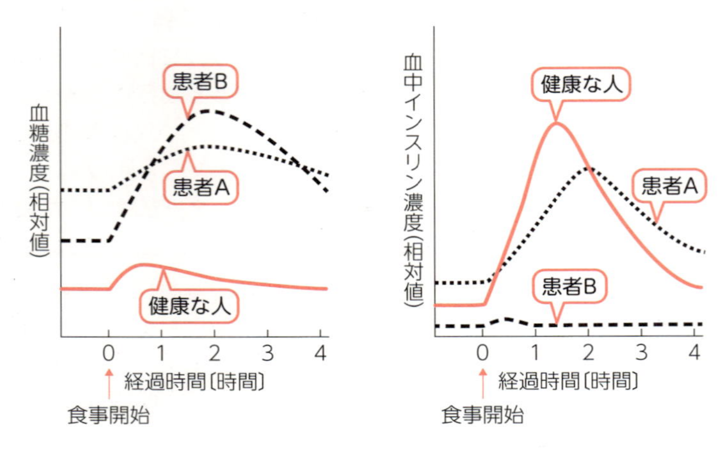

① 健康な人では，食事開始から2時間後の時点で，血中インスリン濃度は食事開始前に比べて高く，血糖濃度はしだいに食事開始前の値に近づく。

② 健康な人では，血糖濃度が上昇すると血中インスリン濃度は低下する。

③ 糖尿病患者Aにおける食事開始後の血中インスリン濃度は，健康な人の食事開始後の血中インスリン濃度と比較して急激に上昇する。

④ 糖尿病患者Aは，血糖濃度ならびに血中インスリン濃度の推移から判断して，Ⅱ型糖尿病と考えられる。

⑤ 糖尿病患者Bでは，食事開始後に血糖濃度の上昇がみられないため，インスリンが分泌されないと考えられる。

⑥ 糖尿病患者Bは，食事開始から2時間の時点での血糖濃度は高いが，食事開始から4時間の時点では低下して，健康な人の血糖濃度よりも低くなる。

（センター試験　追試験・改）

解答・解説

問1 ③　　**問2** ①，④

問1　アドレナリンは肝臓の細胞に作用して，グリコーゲンの分解を促進し，血糖濃度を上昇させるホルモンでしたね。

問2　まず，患者Ａと患者Ｂの結果を分析しましょう！　左の図より，どちらも健康な人よりも血糖濃度が高いですね。また，右側の図より患者Ｂはインスリンをほとんど分泌できていないことがわかります。さらに，患者Ａはインスリンを分泌できているにもかかわらず血糖濃度が高いので，患者ＡはⅡ型糖尿病であることがわかります。このことから，④が**正しい**記述であることが決まります。

健康な人では，食事開始後，急激にインスリン濃度が上昇し2時間後も高く，血糖濃度は2時間後にはやや高いが，ほぼ食事開始前の血糖濃度に近づいているので，①も**正しい**記述と判断できます。

健康な人では，血糖濃度が上昇したら…，当然，インスリン濃度も上昇するので，②は**誤り**ですね。また，患者Ａはインスリンを分泌できてはいますが，健康な人のインスリン濃度のほうが急激に上昇しているので，③も**誤り**です。

患者Ｂは食事開始後に血糖濃度が上昇していますよね？　ですから，⑤も**誤り**です！　そして，患者Ｂは食事開始から2時間経過したころから血糖濃度が低下していますが，健康な人よりも血糖濃度が低くなるとは考えられませんね。よって，⑥も**誤り**です。

このような問題は，知識で解こうとせず，図をしっかりと見ながら選択肢を吟味してくださいね♪

7　体温調節

いやぁ，今朝は寒かった！
でも，恒温動物の僕たちは体温を保てる，すごいですね!!

体温は発熱量と放熱量のバランスによって調節しているんですよ。せっかく発熱量を増やしても，放熱量を減らさないと熱は逃げて行ってしまうでしょ？　次のページの図に，寒いときの体温調節のしくみをまとめました。

第3章　生物の体内環境

●寒いときの体温調節

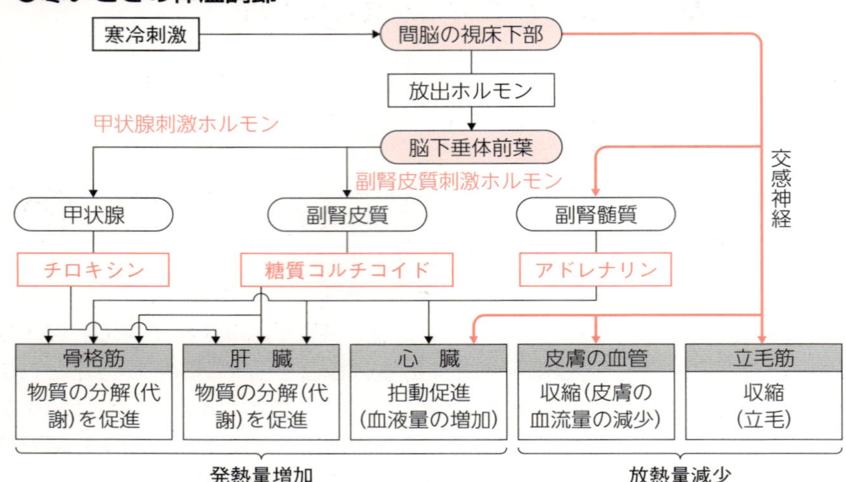

恒温動物の体温調節は，原則として寒いときに体温の低下を防ぐためのしくみなんですよ。だから，まず寒いときのしくみを理解して覚えることが優先です。

体温が低下したときや寒いとき，体温調節中枢である**間脳**の**視床下部**が皮膚や血液の温度低下を感知すると**交感神経**によって**皮膚の血管**や**立毛筋**などが刺激されて収縮し，放熱量が減少します。また，**チロキシン**，**アドレナリン**，**糖質コルチコイド**などの分泌が促進され，肝臓や筋肉などでの代謝が促進されて発熱量が増加します。さらに，骨格筋が収縮と弛緩をくり返してふるえが起こり，熱が発生します。

8 体液の塩分濃度と体液量の調節

血糖濃度が下がると「お腹が空いた～」って感じるね。
血液の塩分濃度が上昇するとどんな感じになるかな??

きっと「濃度を下げたい」っていう気持ちですね！　水で薄めたい…水を飲みたい…あっ！　「のどが渇いた～」って感じ!!

すごい！　だいぶ論理的に考察できるようになってきましたね♪

体液の塩分濃度は，次の図のように，視床下部が常に感知していて，発汗などにより塩分濃度が上昇すると脳下垂体後葉から**バソプレシン**が分泌されます。バソプレシンは**集合管**での水の再吸収を促進しますので，体液の水分量が増加し，体液の塩分濃度が低下します。逆に水を飲むなどして体液の塩分濃度が低下した場合には，バソプレシンの分泌が抑制されます（下の図）。

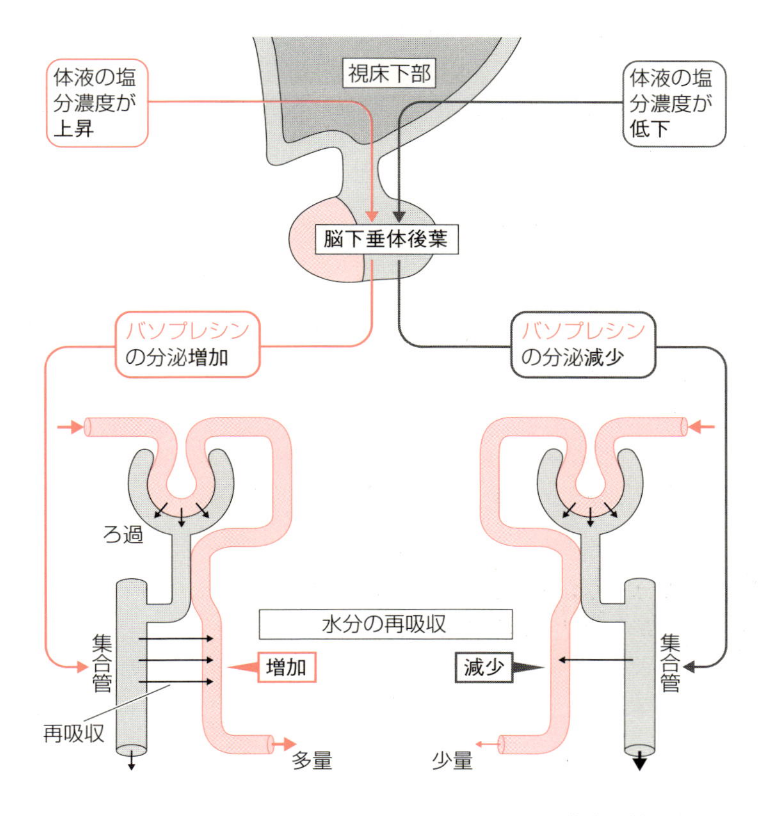

第3章 生物の体内環境

なお，**副腎皮質**から分泌される**鉱質コルチコイド**は腎臓の細尿管での Na^+ の再吸収を促進し，それに伴って水の再吸収も促進されることから，体液量を増加させる効果をもたらします。

体液の塩分（無機塩類）濃度の調節といえば…，魚類のお勉強です！

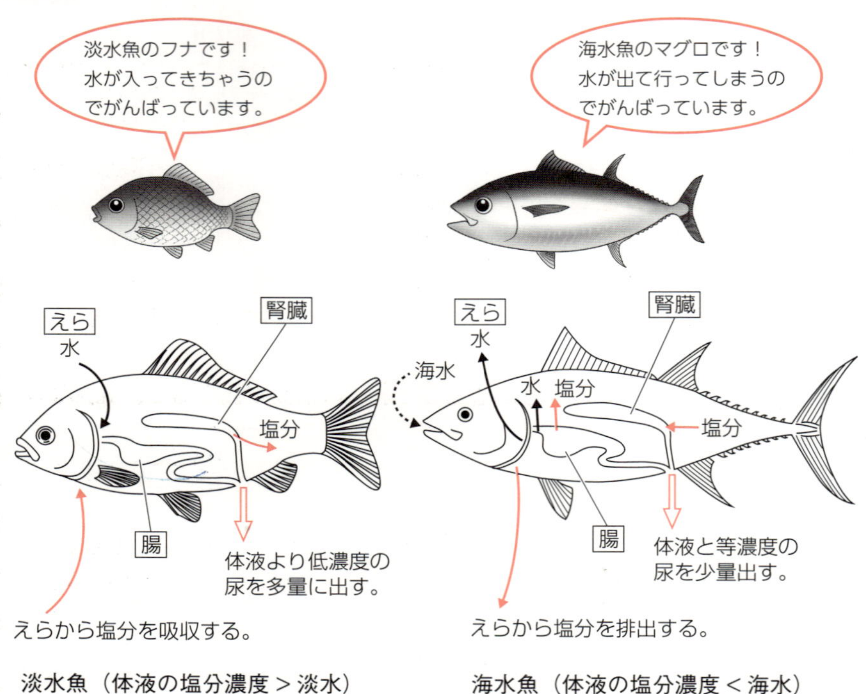

淡水魚（体液の塩分濃度 > 淡水）　海水魚（体液の塩分濃度 < 海水）

淡水魚（←フナ，コイ，オオクチバス…）の体液の塩分濃度は外液（＝淡水）の塩分濃度よりも高く，体内に水がドンドン入る傾向にあります。よって，淡水魚は腎臓で多量の低濃度の尿をつくり，水をドンドン体外へと排出しています。また，尿によって塩分が失われてしまいますので，**えら**から塩分を積極的に取り込んでいます。

海水魚についても納得しながら丁寧にインプットしましょう！
丸暗記してもスグ忘れちゃいますよ！

海水魚（←マグロ，タイ，サンマ…）の体液の塩分濃度は外液（＝海水）よりも低く，水が体外に失われる傾向にあります。よって，海水魚は腎臓で多くの水を再吸収し，尿量を減らしています。当然，淡水魚よりも高濃度の尿をつくることになるのですが…，魚って自身の体液よりも濃い尿をつくれません。ですから，魚がつくれる精一杯，全力で濃い尿，つまり体液と等濃度の尿をつくります！　また，水分が失われてしまいますから，海水を飲んで水分を補給します。しかし，このとき過剰な塩分も取り込まれてしまいますので，えらから積極的に塩分を排出しています。

チェック問題 4

標準　2分

問1　体温調節中枢がはたらいた結果起こる現象として最も適当なものを，次の①～⑥のうちから一つ選べ。

① 副腎髄質が刺激されて糖質コルチコイドの分泌が増加すると，放熱量(熱放散)が増加する。

② 副腎皮質が刺激されて鉱質コルチコイドの分泌が増加すると，発熱量が増加する。

③ チロキシンの分泌が増加して肝臓の活動が高まると，発熱量が増加する。

④ アドレナリンの分泌が増加して筋肉の活動が高まると，発熱量が減少する。

⑤ 交感神経が興奮して汗の分泌が高まると，放熱量が減少する。

⑥ 副交感神経が興奮して汗の分泌が高まると，放熱量が減少する。

問2　次の文中の空欄に入る語の組合せとして最も適当なものを一つ選べ。

海水生硬骨魚は［ア］の［イ］の尿を排出している

	ア	イ		ア	イ
①	多量	体液よりも低濃度	②	少量	体液よりも低濃度
③	多量	体液と等濃度	④	少量	体液と等濃度
⑤	多量	体液よりも高濃度	⑥	少量	体液よりも高濃度

(センター試験　本試験・改)

第3章 生物の体内環境

解答・解説

問1 ③　**問2** ④

問1 糖質コルチコイドは副腎皮質から分泌されるので，①は**誤り**です。また，鉱質コルチコイドは体温調節とは関係ありませんので，②も**誤り**です。アドレナリンは発熱量を増加させますので，④も**誤り**です。また，汗は暑いときにかきますよね？　もちろん，汗は体温を下げるためにかくので，汗をかくと放熱量が大きくなります。よって，⑤と⑥も**誤り**です。

問2 魚は体液より高濃度の尿をつくれないんでしたね！　何となく，「濃いオシッコ」ではなく，ちゃんと「体液と等濃度の尿」と覚えておきましょう。

12 免　疫

1 免疫とは…？

さぁ，生物基礎の目玉商品「免疫」だ！
ちゃんと勉強して，巷に出回っている怪しい健康グッズや民間療法に騙されない大人になろう！

私たちのからだには病原体などの異物の侵入を防いだり，侵入した異物を排除したりすることでからだを守るしくみがあり，これを**免疫**といいます。

免疫は基本的に3つのステップからなります。

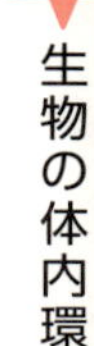

❶物理的・化学的防御
❷自然免疫
❸適応免疫（獲得免疫）

❶と❷を合わせて自然免疫という場合もあります。

免疫ってからだのどこで誰がやっているんですか？

❶の物理的・化学的防御は，もちろん外界と接している場所でやっていますよね。例えば，**皮膚**や，**気管**や**消化管**といった器官の**粘膜**などです。

❷や❸は**白血球**（⇒ p.45）がやっています。もちろん，異物が侵入した場所で行われるんだけど，**リンパ節**や**ひ臓**は❸の適応免疫が起こる主な場所になっています。

免疫担当細胞に登場してもらおう！　食細胞とリンパ球がいます。

僕たち**食細胞**！

盛んに**食作用**をする**食細胞**です！
取り込んだ異物といっしょに死滅することが多い，健気なヤツです♪

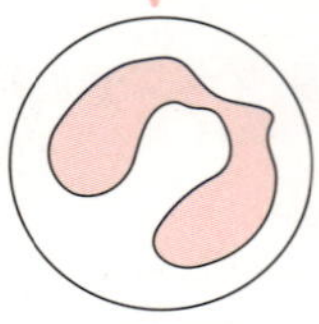

好中球

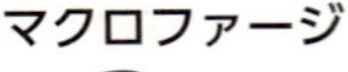

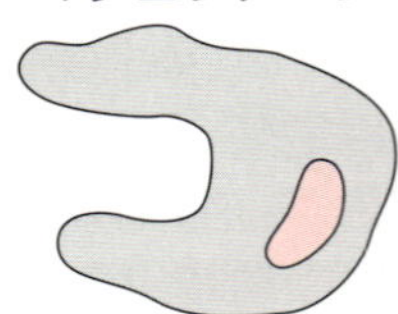

大型の食細胞です！　大きいから「macro-」という名前なんですよ！　血管内にいるときは**単球**という名前なんですが，血管の外に出るとマクロファージと名前が変わります。

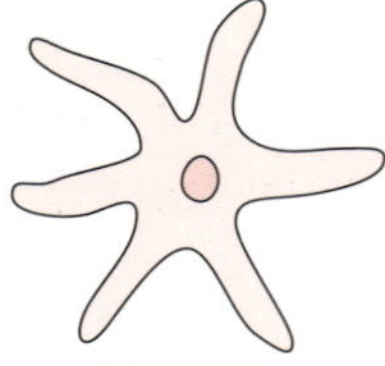

樹状細胞

樹木の枝のような突起が多くあることから名前がつきました。
食細胞です！
抗原提示をするのが主な仕事です♪

僕たち**リンパ球**！

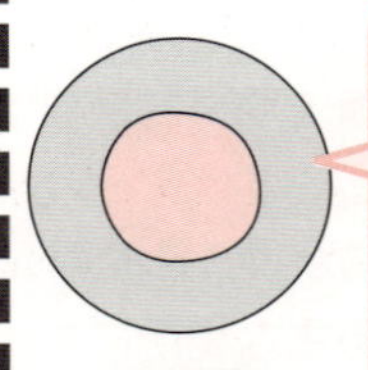

T 細胞

適応免疫に関与します。**胸腺**(＝ **T**hymus)で成熟します。
キラー T 細胞，**ヘルパー T 細胞**などの種類があります。

本名は…，**ナチュラルキラー細胞**，Natural Killer の頭文字をとって NK 細胞。
ウイルスなどが感染した細胞やがん細胞を破壊します。

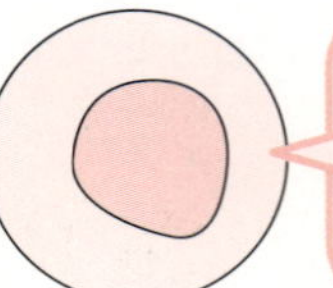

B 細胞

適応免疫に関与します。
活性化すると**抗体産生細胞**となり，**抗体**を産生します。

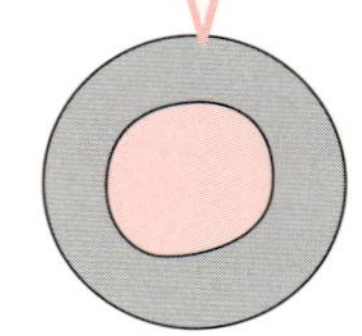

NK 細胞

2 物理的・化学的防御

では，❶の物理的・化学的防御についてまとめましょう。僕たちの皮膚の表面は**角質層**（かくしつそう）という死細胞からなる層があり，病原体の侵入を防いでいます。また，汗や皮脂は皮膚表面を弱酸性に保ち，微生物の繁殖を防いでいます。さらに，汗，涙，だ液には細菌の細胞壁を破壊する**リゾチーム**という酵素や，細菌の細胞膜を破壊する**ディフェンシン**というタンパク質が含まれています！

「鉄壁のディフェンス」っていう感じですね！

皮膚以外もすごいですよ！　気管などの粘膜では**繊毛**（せんもう）という毛の運動によって異物を体外に送り出しています。なかなか上手く送り出せないな…というときには，咳（せき）やくしゃみをして気合いで排出します！

食物に付着して侵入を試みる病原体には，胃液が活躍します。なんせ胃液は強酸性（pH2）なので，たいていの細菌は死んでしまいます。また，僕たちの皮膚や腸には**常在菌**（じょうざいきん）という細菌がいてくれて，外から病原体が入ってきても繁殖しないように抑えてくれています。

3 自然免疫

物理的・化学的防御を突破されてしまったら，まずは自然免疫だ！

自然免疫は，異物が体内に侵入した場合に速やかにはたらく非特異的なしくみで，さまざまな白血球によって行われます。

自然免疫といえば…，まずは**食作用**（しょくさよう）です。食作用は，下の図のように細胞膜をダイナミックに動かして異物を包み込んで取り込み，取り込んだ異物を分解することです。食作用を行う細胞は**食細胞**（しょくさいぼう）といい，**好中球**，**マクロファージ**，**樹状細胞**などが代表的な食細胞です。

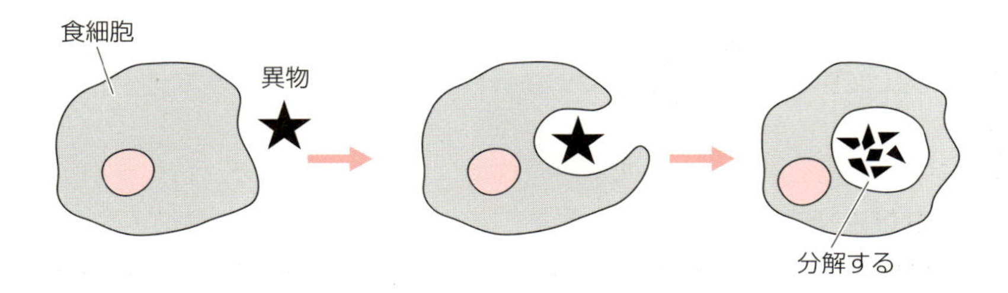

病原体を認識したマクロファージなどは付近の毛細血管にはたらきかけ，単球やNK細胞などの白血球を感染部位に誘引します。すると，病原体の侵入部位では活発に食作用が行われるとともに，NK細胞が**感染細胞**を破壊します。このような自然免疫が起こっている部位は赤く腫れ，熱や痛みをもつ状態になります。この現象を**炎症**といいます。

NK細胞は，けっきょく何を殺すんですか？　病原体？

いいところに気づいたようですね。NK細胞は感染した細胞（感染細胞）を殺すんです。ウイルスや一部の細菌などが細胞の中に入り込むと，細胞が感染してしまいます。この場合，NK細胞は感染細胞と正常細胞を区別して，感染細胞を殺してしまうんです！　NK細胞は**がん細胞**も正常細胞と区別して破壊することができます。

ここで，異物を食作用で分解した樹状細胞はリンパ節へと移動し，次のステップの適応免疫を誘導します！

4 適応免疫

適応免疫（**獲得免疫**）は，T細胞が自然免疫で病原体に反応した樹状細胞などから病原体の情報を受け取ることによって始まる反応で，病原体に対して特異的に反応します。また，適応免疫には**免疫記憶**ができるというすばらしい特徴があります。

一度かかった病気には再度かかりにくくなるっていうやつですね♪

適応免疫では，**T細胞**と**B細胞**というリンパ球がはたらきます。これらのリンパ球は一見するとチョット不器用で…，個々のリンパ球は1種類の**抗原**（←リンパ球が認識する物質のこと）しか認識できないんです。しかし，体内にはものすごい種類のリンパ球がつくられるので，基本的にはどんな異物が入ってきても認識できるリンパ球が存在することになるんです。実は…，この多様なリンパ球の中には自己成分を抗原と認識してしまう細胞もいるのですが，自己成分に対しては免疫がはたらかないような状態をつくっています！　この状態を**免疫寛容**といいます。

適応免疫には，抗体を用いて異物を排除する**体液性免疫**と，抗体を用いずにT細胞が感染細胞などを排除する**細胞性免疫**の2種類の反応があります。

❶ 細胞性免疫

図でイメージを確認しながら…，細胞性免疫のしくみから説明します!!

まず…，病原体を認識して活性化した樹状細胞が**リンパ節**に移動してきます！　このとき，樹状細胞は取り込んで分解した病原体の断片（抗原断片）を細胞の表面に出しています。このはたらきを**抗原提示**（こうげんていじ）といいます。

樹状細胞は，提示している抗原に適合したＴ細胞と出会うとこれを活性化し，適応免疫がスタートします（下の図）。

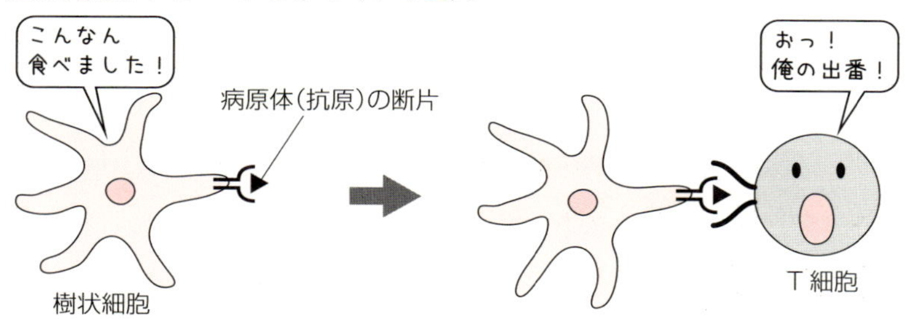

樹状細胞からの抗原提示を受けて活性化した**キラーＴ細胞**が増殖し，感染部位へと移動し，提示された病原体に感染している細胞を特異的に破壊していきます。これが**細胞性免疫**です（下の図）。

「ズバ〜ッ！」と殺さない感じが何とも恐ろしい（笑）

❷ 体液性免疫

キラーＴ細胞とともに，樹状細胞からの抗原提示を受けて活性化した**ヘルパーＴ細胞**も増殖します。また，❶Ｂ細胞は病原体を自ら捕（と）らえて活性化します。そして，❷Ｂ細胞は同じ抗原に対して活性化しているヘルパーＴ細胞に出会うと，❸ヘルパーＴ細胞からの補助を受けてさらに活性化して増殖し，

❹**抗体産生細胞**(**形質細胞**)に分化します。抗体産生細胞は,**抗体**をドンドン放出します。この抗体を使って病原体を排除する反応が**体液性免疫**です(下の図)。

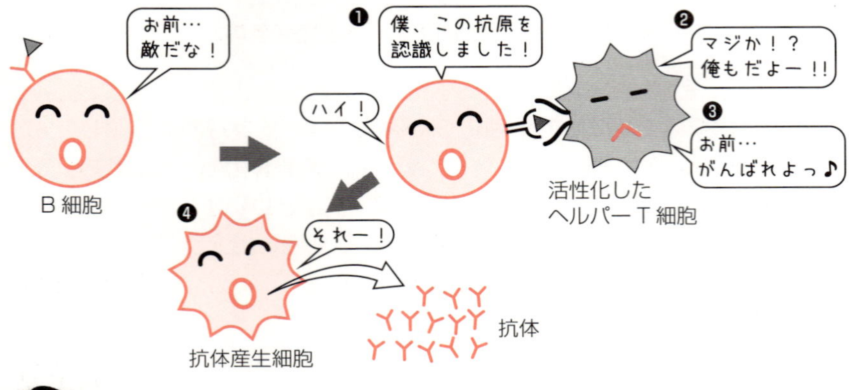

上の図の会話は❶→❷→❸→❹の順に読んでください!

抗体はどうやって病原体をやっつけるんですか?

抗体は**免疫グロブリン**という名前のタンパク質です。抗体は抗原に結合(←**抗原抗体反応**といいます)して,抗原が悪さをできないようにします。例えば,抗原となった病原体の毒性を低下させたり,増殖できなくしたりします。そして,抗体が結合した抗原はマクロファージによって速やかに排除されます(下の図)。

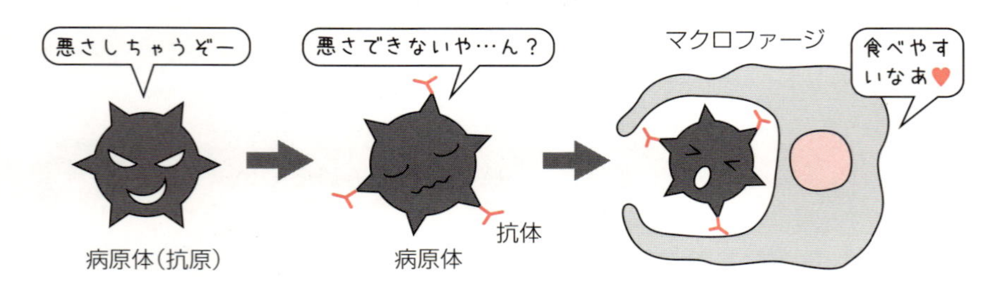

個々の抗体は1種類の抗原としか結合できませんが,僕たちは10^{9}～10^{10}種類もの抗体をつくれるので,実質的にはどのような抗原に対しても抗体をつくることができます。

5 免疫記憶

いよいよ，「一度かかった病気には再度かかりにくくなる」しくみを学ぼう！

適応免疫のはたらきの中で増殖したＴ細胞とＢ細胞の一部は**記憶細胞**（きおく）として体内に長期間保存されます。そして，次に同じ抗原が侵入したときには，記憶細胞が速やかに増殖して免疫反応を引き起こすことができます。この2度目以降の免疫反応を**二次応答**（にじおうとう），初めて抗原が侵入したときの免疫反応を**一次応答**（いちじおうとう）といいます。二次応答は一次応答よりも速くて強い反応なので，2度目以降は発症せずに抗原を排除できることが多いんです♪

体液性免疫でも細胞性免疫でも，二次応答は起こるんですか？

もちろん！　どちらも二次応答しますよ！

下の図は有名なグラフだね。0日の時点で抗原Ａを注射して抗体をつくらせて…，40日の時点で抗原Ａを再度注射して二次応答させています。

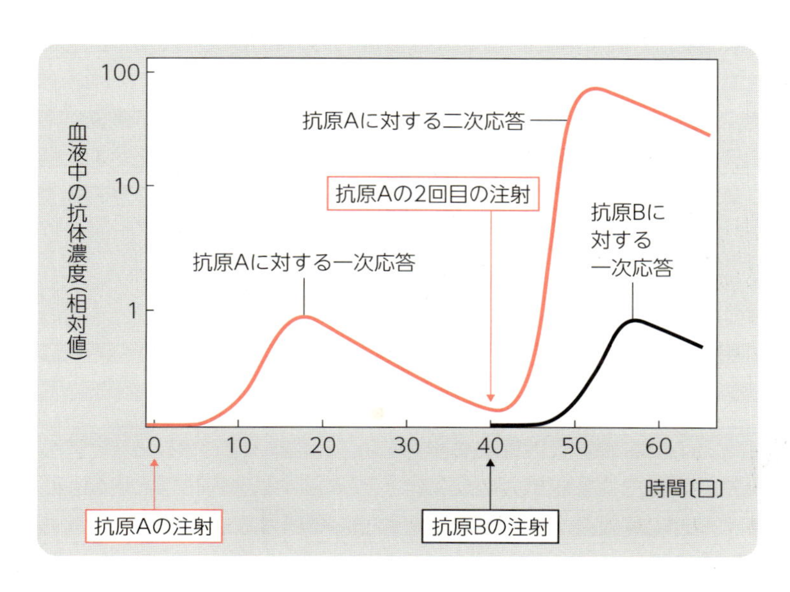

縦軸のメモリが1・10・100って増えていることに気をつけてくださいね！

二次応答でつくられる抗体の量は一次応答のときの数十倍にもなるんですね!!!

ただし，適応免疫には特異性があるので，抗原Aに対する記憶細胞は抗原Aに対してしか，二次応答をすることができません。だから，抗原Aの注射から40日の時点で抗原Aと関係ない抗原Bを注射しても，抗原Bに対する一次応答が起こるだけです。

この二次応答のしくみを利用した医療が…，予防接種です！

弱毒化または無毒化した病原体や毒素のことを**ワクチン**といいます。ワクチンを接種することを**予防接種**といい，予防接種によって記憶細胞がつくられ，病原体が侵入した際に二次応答が起こることで発症や重症化を抑制できます。

予防接種をすれば病気にならないんですか？

医療には発症する確率，重症化する確率を低下させる効果があるものしか使われていませんよ！

「絶対に発症しなくなる」というようなものではありませんが，予防接種は有効なものです！　誤解のないようにね♪

また，副作用(副反応)について，「科学」よりも「感情」が優先されてしまうケースがあります。科学的に，予防接種の副作用ではないとされた症状に対して，「いや，副作用だと思う！」という主張が残っているのが日本の現状です。

チェック問題

標準 2分

図はヒトの抗体産生のしくみについての模式図である。抗原が体内に入ると，細胞 x が抗原を取り込んで，抗原情報を細胞 y に伝える。それを受けて，細胞 y は細胞 z を活性化し，抗体産生細胞（形質細胞）へと分化させる。

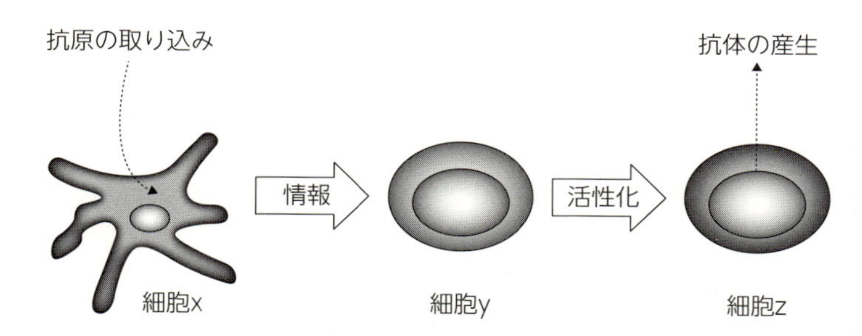

細胞 x，y および z に関する次の記述**ア**～**エ**のうち，正しい記述を過不足なく含むものを，下の①～⑨のうちから一つ選べ。

ア　細胞 x，y および z は，いずれもリンパ球である。

イ　細胞 x はフィブリンを分泌し，傷口をふさぐ。

ウ　細胞 y は盛んに食作用をする細胞である。

エ　細胞 z は B 細胞であり，免疫グロブリンを産生するようになる。

①　**ア**　②　**イ**　③　**ウ**　④　**エ**　⑤　**ア，ウ**　⑥　**ア，エ**
⑦　**イ，ウ**　⑧　**イ，エ**　⑨　**ウ，エ**

（センター試験　本試験）

解答・解説

④

複数の知識を組み合わせて解く必要のある問題ですので，やさしくはありません。

ア　細胞 x は樹状細胞で，リンパ球ではありません。

イ　フィブリンは血しょう中の物質をもとにつくるもので，白血球がフィブリンを分泌することはありません。

ウ　細胞 y はヘルパー T 細胞ですね。ヘルパー T 細胞は食作用をしません。

エ　設問文からも，図からも完璧な記述です！

13 免疫と医療

1 血清療法

血清療法は北里柴三郎らによって開発されました。
そうです，新紙幣の1000円札の肖像画が北里柴三郎ですね。

血清療法(けっせいりょうほう)はハブに噛(か)まれたときなどに用いられます。あらかじめハブ毒素をウマなどの動物に接種して，そのウマからハブ毒素に対する抗体を含んだ血清をつくっておきます。ハブに噛まれたら，その準備してあった抗体を含む血清を患者に注射し，体内に入ったハブ毒素を排除します。自身の免疫反応では間に合わないような切迫した状況のときに血清療法が使われます。

予防接種は抗原を，血清療法は抗体を投与するってことですね♪

抗体を投与する医療行為というのは非常に重要なんです。

2018年にノーベル生理学・医学賞を受賞した本庶佑(ほんじょたすく)氏らが開発に携わった「オプジーボ」という薬は，人工的につくった抗体なんですよ。この抗体はキラーT細胞のもっているタンパク質に結合し，がん細胞に対するキラーT細胞の攻撃が弱まらないようにしてくれるんです。すごいですね♪

医療の進歩はホント，目を見張るものがあります。

2 免疫不全症

免疫のはたらきが低下してしまう疾患を**免疫不全症**(めんえきふぜんしょう)といいます。**HIV**（ヒト免疫不全ウイルス）の感染による**エイズ**（AIDS，後天性免疫不全症候群）は免疫不全症の代表例です。

HIVはヘルパーT細胞に感染して，破壊してしまうので，適応免疫の機能が極端に低下し，通常では発病しないような弱い病原体で発病してしまう**日和見感染**(ひよりみかんせん)を起こしたり，がんなどを発症しやすくなったりします。

なお，HIVは**H**uman **I**mmunodeficiency **V**irusの略，AIDSは**A**cquired **I**mmuno**D**eficiency **S**yndromeの略です。

3 免疫の異常反応

① アレルギー

本来ならばからだを守ってくれる免疫ですが，過剰な反応や異常な反応をして，からだに不利益をもたらすことがあります。

ハ……，ハッ……，ハ〜〜クション！

無害な異物にくり返し接触した際に，この異物に対して異常な免疫反応をする場合があり，これを**アレルギー**といいます。アレルギーの原因となる物質は**アレルゲン**といいます。アレルゲンとしては，スギ花粉，食品などさまざまなものがあります。

アレルゲンによっては急激な血圧低下や呼吸困難といった強いショック症状が起こることがあり，これは**アナフィラキシーショック**とよばれ，生命の危機に関わる危険な現象です。

② 自己免疫疾患

「免疫寛容（⇒ p.92）」を覚えていますか？

免疫寛容のしくみはすごくよくできているんですが，100% 完全ではないのが現実です。自己成分が樹状細胞などから提示されたときにリンパ球が活性化してしまい，自己成分に対する免疫反応が起こってしまうことがあり，これを**自己免疫疾患**（じこめんえきしっかん）といいます。

自己免疫疾患の例としては，手足の関節の細胞を攻撃して炎症が起きてしまう**関節**（かんせつ）**リウマチ**，ランゲルハンス島の B 細胞を攻撃してしまう **I 型糖尿病**（⇒ p.80），神経から筋肉への信号を受け取る受容体を攻撃して全身の筋力が低下してしまう重症筋無力症（じゅうしょうきんむりょくしょう）などがあります。

チェック問題

問1　アレルギーやエイズに関する記述として**誤っているもの**を，次の①～④のうちから一つ選べ。

① アレルギーの例として，ヒノキ花粉症がある。

② ハチ毒などが原因で起こるアナフィラキシーショックは，アレルギーの一種である。

③ 栄養素を豊富に含む食物でも，アレルギーを引き起こす場合がある。

④ HIV は，B 細胞に感染することによって免疫機能を低下させる。

問2　自己免疫疾患によって起こるものを，次の①～⑥のうちから二つ選べ。

① 糖尿病　　② エイズ　　③ スギ花粉症

④ 日和見感染　　⑤ がん　　⑥ 関節リウマチ

（センター試験　本試験・改）

解答・解説

問1　④　　**問2**　①，⑥

問1　HIV はヘルパー T 細胞に感染するんでしたね。よって，④の記述が**誤り**です。

問2　①については，自己免疫によってⅠ型糖尿病になることがありますね。また，⑥の関節リウマチも自己免疫疾患の代表例です。

「生物の体内環境」の範囲は中々ボリュームがありましたね。お疲れさまでした♪

植生と遷移

1 植　　生

さぁ，新しい章だよ！　**植生**の説明から始めよう !!

ある場所に生育する植物の集まりのことを**植生**といいます。どのような植生が成立するかは，気温や降水量といった環境要因に強く影響されます。植生は，植生を外から見た外観である**相観**によって分類します。このとき，最も目立つ代表的な植物種を**優占種**といい，相観は優占種によって決定づけられます。

植生には，どんなものがあるんですか？

植生は，**荒原**・**草原**・**森林**の３つに分けられます。草原や森林は何となくイメージできるでしょ？　荒原は砂漠やツンドラのような植生で，植物の生育にとって非常にきびしい環境に成立します。このきびしい環境に耐えられる植物しか生育できません。

草原は**草本植物**(←「草」のこと)を中心とする植生で，熱帯や亜熱帯では年間降水量が約1000mm を下回ると森林が成立できなくなり，草原になります。森林については**2**で扱いますね！

植物は生育している環境に適した形態をしていて，この形態を**生活形**といいます。よって，似た環境では，生育している植物の生活形は似ています。アメリカの砂漠でもアフリカの砂漠でも多肉植物が生育していますよね。

2 森　　林

森林は，大きな樹木が生育しているんですよね？

まぁ，そうだよね。ひとまず，次の森林の図(日本の照葉樹林の模式図)を見てみよう！

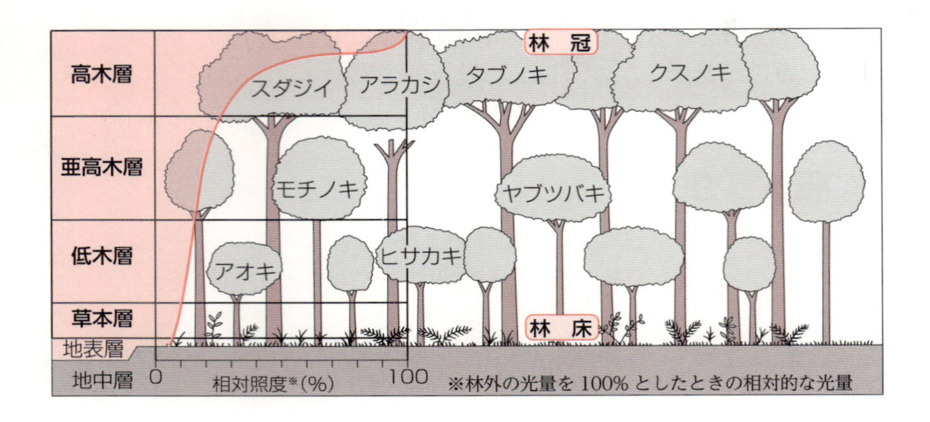

森林の最上部を**林冠**，地表付近を**林床**といいます。20m を超えるような高さに葉をつける**高木層**，そこから順に**亜高木層**，**低木層**，**草本層**といった垂直方向の層状の構造がみられ，これを**階層構造**といいます。コケ植物などからなる**地表層**が発達することもあります。

上の図中の左側に赤い線で示した相対照度のグラフからわかるように，森林内には光があまり届きません。よって，低木層などには弱光条件でも生育できる**陰生植物**が生育しています。

弱光条件では生育できないけれど，強光条件では陰生植物よりも成長速度が大きくなる植物を**陽生植物**といいます。

植物は**土壌**に根を張ります。土壌は層状になっていて，表面は落葉や落枝の層，その下は落葉などの分解が進んだ腐植層，さらにその下は腐植が少ない無機物のたまる層，そして岩石の層という構造になっています（右の図）。

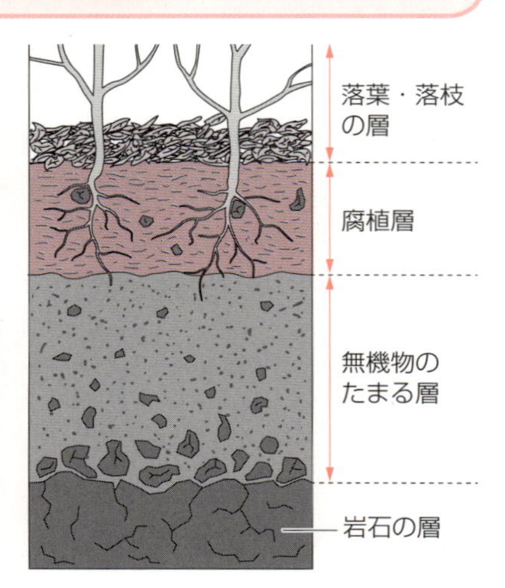

腐植は落葉・落枝や動物の遺体などの有機物が部分的に分解された層で，黒っぽい色をしています。

3 光の強さと光合成の関係

なんだか難しそうなグラフですね。

大丈夫！　意外と単純なグラフなんですよ！

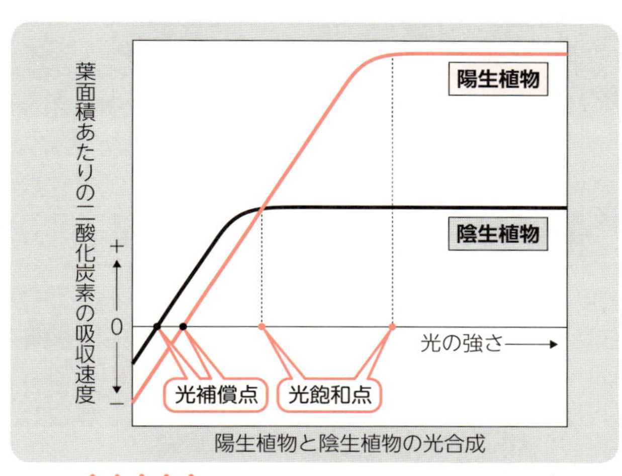

陽生植物と陰生植物の光合成

縦軸は「植物が差し引きでどれくらいの二酸化炭素を吸収したか」を意味しています。これがポイントです！

例えば，光合成で100g の二酸化炭素を吸収し，同時に呼吸で20g の二酸化炭素を放出していた場合，差し引きで80g の二酸化炭素を吸収したことになりますよね？　光が弱い場合には呼吸速度が光合成速度を上回ってしまいますからマイナスの値になっているんです！

植物は「光合成速度＞呼吸速度」という関係にならないと成長することができません。からだを構成する有機物の量を増やしていかないといけませんからね。そして，**「光合成速度＝呼吸速度」**となる光の強さを**光補償点**（ひかりほしょうてん）といいます。

陰生植物は弱光条件でも成長できる！　でも，強光条件だったら陽生植物の成長速度のほうが大きくなるんですね！　ホント，単純なグラフなんですね♪

完璧ですね！　さらに，同じ樹木でも強光を受ける位置の葉（**陽葉**（ようよう））は陽生植物に近い性質をもち，強光を受けられない位置の葉（**陰葉**（いんよう））は陰生植物に近い性

質をもつようになります。植物はとても上手に環境に適応していることがわかりますね。

4 植生の遷移

植生が時間とともに変化することが遷移（せんい）です。
どのように変化していくのでしょうか？

遷移は，スタート時点の状態により一次遷移と二次遷移に分けられます。

一次遷移	特徴：土壌の存在しない場所から始まる。
	例：乾性遷移（かんせいせんい）（溶岩流などによってできた裸地から始まる） 湿性遷移（しっせいせんい）（湖沼などから始まる）
二次遷移	特徴：土壌の存在する場所から始まる。
	例：山火事や森林伐採の跡地，耕作放棄地などから始まる。

溶岩流などによってできた裸地には栄養分がなく，乾燥しており，きびしい環境に耐えられる植物しか生育できません。このように遷移の初期に現れる種を先駆種（せんくしゅ）といいます。地衣類（ちいるい）やコケ植物のほかにススキ（⇒ p.20, 111）などの草本植物などが先駆種になる場合があります。その後，徐々に土壌が形成され，草原となり，さらに低木林となります。

低木林までは地表付近まで光がちゃんと届くので，陽生植物が優占します！

その後，陽樹（←陽生植物の樹木）が森林を形成して陽樹林となります。高木の森林になると林床に届く光が弱まるため，陽樹の幼木が生育できなくなります！　しかし，陰樹（←陰生植物の樹木）の芽生えは生育できますので，林床では陰樹の幼木だけが育っていきます。

・・・ということは，そのあとは・・・

おっ！　わかってきたようだね！　ちゃんと考えて，納得しながら勉強すれば，自然と覚えられますね。

陽樹が枯死していくと徐々に陰樹に置き換わっていき，陽樹と陰樹が混ざった混交林（こんこうりん）となり，さらに時間が経過すると陰樹林になります。

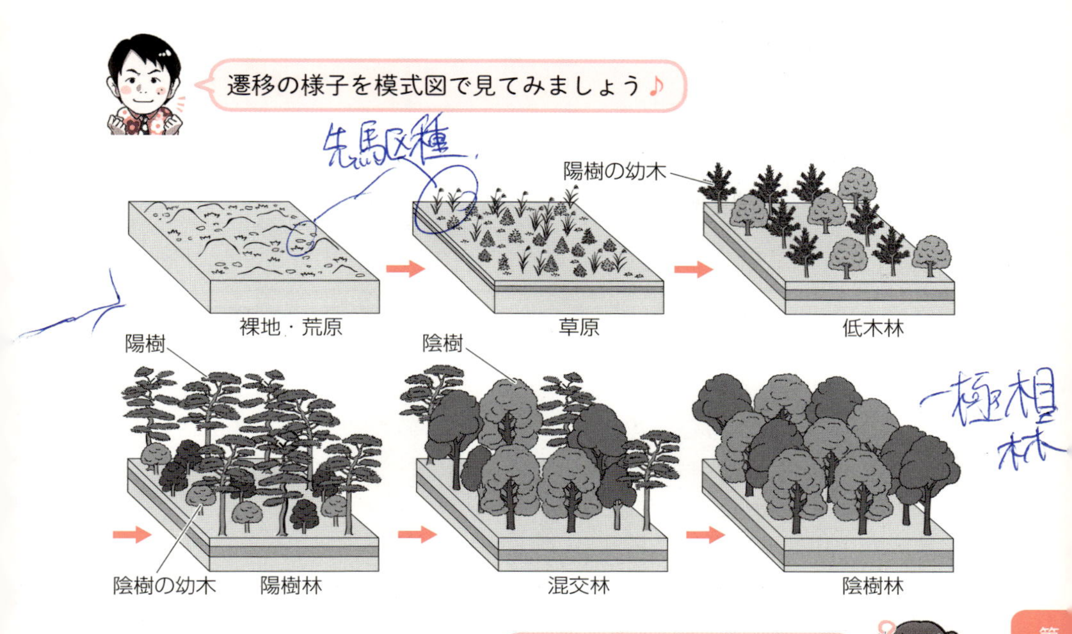

陰樹林の先はないんですか？

陰樹林の林床も暗いんですけど，陰樹の幼木は生育できますよね。よって，陰樹林になると，その後は原則としてず～～～～っと，陰樹林の状態になります。このように，植生を構成する植物種が変化しない状態を**極相**といい，極相になった森林を**極相林**といいます。

しかし，極相林であっても台風などで林冠を形成する樹木が折れたり，倒れたりした場合，林冠に隙間ができます。この隙間を**ギャップ**といいます。林床まで光が届くような大きいギャップができると，陽樹の種子が発芽して生育し，その一部が林冠まで成長できる場合があります。よって，極相林であっても陽樹が点在している場合があります。

湿性遷移は，湖沼が陸地化するまでを押さえよう！

湖沼において土砂などが堆積し，水深が浅くなるとクロモなどの**沈水植物**が繁茂します。さらに水深が浅くなっていくと，スイレンなどの**浮葉植物**やヨシなどの**抽水植物**が繁茂します（次ページの図を参照）。さらに土砂などが堆積して**湿原**になり，しだいに乾燥化して陸地になると，草原へと進みます。ここから先の流れについては，基本的に乾性遷移と同じです！

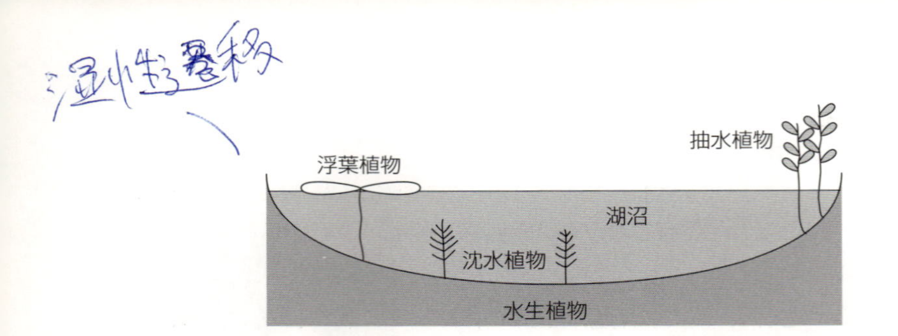

チェック問題 1

図は，陽樹および陰樹の幼木において葉が受ける光の強さと葉の見かけの光合成速度との関係(光－光合成曲線)を模式的に示している。下の文章中の［ア］～［ウ］に入る語の組合せとして最も適当なものを，下の①～⑧のうちから一つ選べ。ただし，図のX型とY型は陽樹，陰樹のどちらかの型に対応している。また，見かけの光合成速度(葉の単位面積あたりの CO_2 吸収速度)は，葉が CO_2 を吸収している状態を(＋)，放出している状態を(－)で示してある。

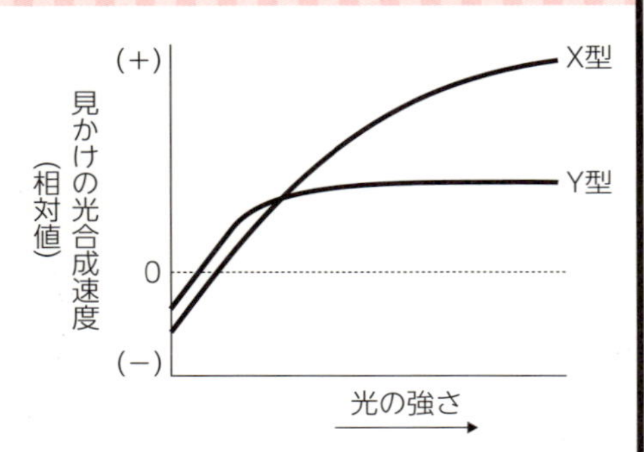

図には，X型のほうが見かけの光合成速度が負から正に変わる光の強さが［ア］ことが示されている。森林内の地表での生育には，［イ］型の光合成特性をもつほうが有利となる。森林の遷移が進行するに従い［ウ］型の光合成特性をもつ樹木が減少する。

	ア	イ	ウ		ア	イ	ウ
①	小さい	X	X	⑤	大きい	X	X
②	小さい	Y	X	⑥	大きい	Y	X
③	小さい	X	Y	⑦	大きい	X	Y
④	小さい	Y	Y	⑧	大きい	Y	Y

(センター試験　追試験)

解答・解説

⑥

X型の樹木が陽樹，Y型の樹木が陰樹と考えられますね。光補償点は陽樹のほうが高く，遷移の進行に伴って陽樹が減少し，最終的には陰樹林になる，という流れを踏まえて空所を埋めていきましょう。

チェック問題 2

標準 

問1 次の①〜⑥は，種子植物で遷移の初期に出現する種と後期に出現する種との一般的な特徴を比較したものである。しかし，初期の種と後期の種の特徴が，逆に記述されているものが二つある。それらを，①〜⑥のうちから選べ。

	項　目	初期の種の特徴	後期の種の特徴
①	種子生産数	多　い	少ない
②	種子の大きさ	大きい	小さい
③	初期の成長速度	速　い	遅　い
④	成長後の大きさ	小さい	大きい
⑤	個体の寿命	短　い	長　い
⑥	幼植物の耐陰性	高　い	低　い

問2 遷移についての次の文中の空欄に入る語の組合せとして最も適当なものを，下の①〜⑧のうちから一つ選べ。

森林伐採の跡地などから始まる遷移が［ア］とよばれるのに対して，噴火直後の溶岩台地から始まり森林に至る遷移は［イ］とよばれる。［ア］では，遷移の始まりから［ウ］が存在するため，［ア］の進行は，［イ］の進行と比べて［エ］。

	ア	イ	ウ	エ
①	一次遷移	二次遷移	風化した岩石	速　い
②	一次遷移	二次遷移	風化した岩石	遅　い
③	一次遷移	二次遷移	土　壌	速　い
④	一次遷移	二次遷移	土　壌	遅　い
⑤	二次遷移	一次遷移	風化した岩石	速　い
⑥	二次遷移	一次遷移	風化した岩石	遅　い
⑦	二次遷移	一次遷移	土　壌	速　い
⑧	二次遷移	一次遷移	土　壌	遅　い

問3　湖沼が陸地化するところから始まる植生の変化を何とよぶか，適当なものを，次の①～④のうちから一つ選べ。

①　乾性遷移　　②　富栄養化　　③　湿性遷移　　④　極相

（センター試験　本試験・改）

解答・解説

問1　②・⑥　　問2　⑦　　問3　③

問1　あまり難しく考えずに，遷移の初期に出現する草本や低木と極相樹種である陰樹とを比較すればOKですよ。

②は，草本と陰樹（←樹木）ではどっちの種子が大きいと思いますか？草本は小さい種子をいっぱいつくって風などで遠くへ飛ばすイメージです。樹木の種子は鳥などの動物に運んでもらうイメージです。

⑥の耐陰性というのは，弱光条件でも生育できる能力のことです。陰樹の幼植物は弱光条件でも生育できますね。

問2　森林伐採の跡地のように土壌の存在する場所から始まる遷移が二次遷移です。土壌が存在しているため，一次遷移よりも短期間で極相に達することができます。

問3　これは，単純に知識を要求する設問です♪

遷移では，時間の経過に伴って，生物の活動によって非生物的環境が変化します。

例えば，土壌が徐々に発達していったり，林床の照度が低下したりします。このように生物の活動が非生物的環境（⇒ p.117）に影響を与えることを**環境形成作用**（かんきょうけいせいさよう）といいます。

非生物的環境も生物に影響を与えますよね？

そのとおり！

光が弱いと陽生植物が生育できない…，土壌が形成されると大きな樹木が生育できる…，などだね。

こういう非生物的環境から生物に影響を与えることを**作用**（さよう）といいます。

第４章　植生の多様性と分布

世界のバイオーム

1 気候とバイオームの関係

ばいおーむですか？　難しそうな名前ですね。

bio- は「生物」，-ome は「全部」という意味です。
遺伝情報全体のことをゲノム（⇒ p.34）といいましたよね？
ゲノムは遺伝子（gene）に -ome がついた単語ですよ。

バイオームは，ある地域の植生とそこに生息する動物などをすべて含めた生物のまとまりのことです。バイオームの種類と分布は年平均気温と年降水量に対応します（下の図）。

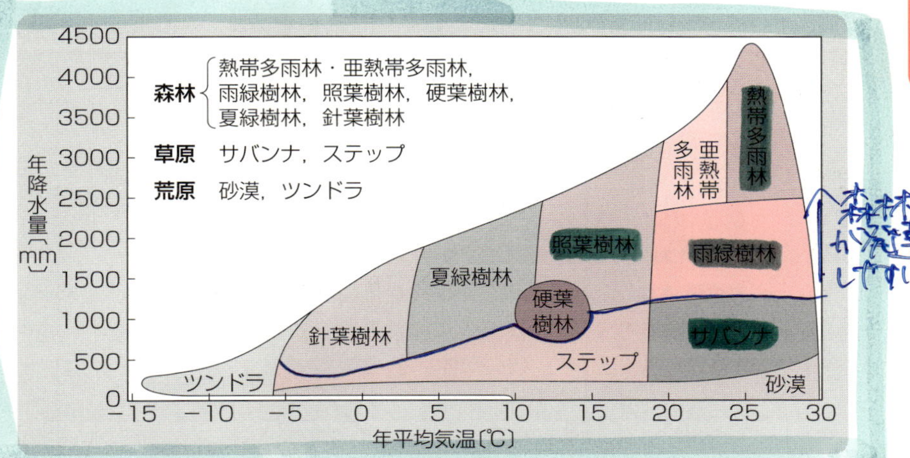

降水量が十分にあるならば･･･，気温の低いほうから**ツンドラ**，**針葉樹林**(しんようじゅりん)，**夏緑樹林**(かりょくじゅりん)，**照葉樹林**(しょうようじゅりん)，（**亜熱帯多雨林**(あねったいたうりん)），**熱帯多雨林**となります。

第4章 植生の多様性と分布

年平均気温が20℃を超えるような気温が高い地域であれば…，降水量の少ないほうから**砂漠**，**サバンナ**，**雨緑樹林**，**熱帯多雨林**となります。

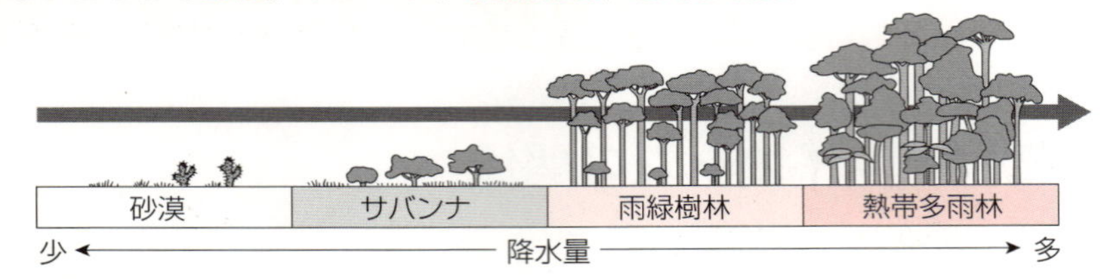

硬葉樹林はどこにあるんですか？　葉が硬いんですか？

そう，葉が硬いんです！　地中海沿岸のように夏に乾燥し，冬に雨が多い地域に分布します。クチクラが発達した小さく硬い葉をつけます。**オリーブ**や**コルクガシ**などの「地中海沿岸っぽい植物」が代表種です。

ペペロンチーノ食べて，ワイン飲んで，ボーノ♥

さて，各バイオームについて代表的な植物種をまとめましょう。

バイオームの種類	代表的な植物
熱帯多雨林	**フタバガキ**，着生植物，つる植物，**ヒルギ**
亜熱帯多雨林	**アコウ**，**ヘゴ**，**ガジュマル**，**ヒルギ**
雨緑樹林	**チーク**
照葉樹林	**カシ**，**シイ**，**タブノキ**，ヤブツバキ
夏緑樹林	**ブナ**，**ミズナラ**，カエデ
硬葉樹林	**オリーブ**，コルクガシ，ゲッケイジュ
針葉樹林	**シラビソ**，**コメツガ**，**トウヒ**，**モミ**
サバンナ	イネ科の草本，**アカシア**
ステップ	イネ科の草本
砂漠	多肉植物(←サボテンなど)
ツンドラ	地衣類，コケ植物

教科書にはこれらの植物の写真が載っているし，インターネットで写真を検索してもいいね。写真を見ながら覚えましょう♪

熱帯や亜熱帯の河口付近には**ヒルギ**が生育し，**マングローブ**という森林を形成します。マングローブは植物の名前ではなく，森林の名前ですよ！
着生植物は，他の樹木などに付着して生育する植物です。ヘゴは樹木になるシダ植物です！　針葉樹林は主に常緑針葉樹であるシラビソ，トウヒ，モミなどからなりますが，場所によっては**カラマツ**のような落葉針葉樹もみられます。カラマツは漢字で書くと「落葉松」です！　中学の頃，音楽の授業で『落葉松』って歌を歌ったなぁ〜，しみじみ ･････････

シイのなかまの**スダジイ**だよ！
葉がテカテカしていて，照葉樹って感じがするでしょ？

これは**ススキ**（再掲載）！　秋の七草の一種で，先駆植物の代表例だね。お月見などのイメージがあるけど，所詮は生命力の強い雑草だ！

左の写真ではブナなのか，何なのか ･･･

人工の**ブナ**林に行ってきた！
人工林なので，光が届いているね。

右は大阪の植物園の**アラカシ**！
ドングリができるんだよね〜！

先生，ホントに植物が好きなんですね！

あ，ごめん！　ついつい (^^;)
じゃ，チェック問題に進もう！

チェック問題　標準　2分

赤道に近い高温多湿の地域には，熱帯多雨林や亜熱帯多雨林が分布する。一方，低緯度地方でも雨季と乾季がはっきりしている地域では，雨緑樹林が分布する。この地域における優占種としては，(a)チークなどが有名である。(b)この地域と気温は同じだが降水量が少ない地域では，イネのなかまが優占し，背丈の低い樹木が点在する。

問1　下線部(a)の植物種の特徴として最も適当なものを，次の①～⑤のうちから一つ選べ。

① 降水量が減少する季節に多くの葉をつける。
② 気温が低下する季節に多くの葉をつける。
③ 降水量が減少する季節にいっせいに落葉する。
④ 乾燥への適応として，肉厚の茎に多量の水分を蓄える。
⑤ 草本であるが，地上部に木本の幹のような茎をもつ。

問2　下線部(b)の地域でみられる樹木として最も適当なものを，次の①～⑥のうちから一つ選べ。

① ガジュマル　② スダジイ　③ シラビソ　④ ヒルギ
⑤ アカシア　⑥ ブナ

（センター試験　本試験・改）

解答・解説

問1　③　　**問2**　⑤

問1　雨緑樹林の代表的な樹種である**チーク**は，雨季に葉をつけ，乾季に落葉する落葉広葉樹です。よって，③の記述が**正解**ですね。なお，①や②のようなバイオームはありません。夏緑樹林は気温が低下する季節に落葉しますね。また，④は砂漠についての記述なので**誤り**です。

問2　**アカシア**は110ページの表で紹介しましたが，実は一部の教科書には記載されてないんです。しかし，諦めてはいけません！　消去法です！　**ガジュマル**は亜熱帯多雨林，**スダジイ**はシイ類の樹木ですから照葉樹林，**シラビソ**は針葉樹林，**ヒルギ**はマングローブをつくる樹種でしたね。そして，**ブナ**は夏緑樹林を構成する樹種ですので…，アカシアがわからなくても，⑤しかありませんね。いいですね？　消去法です!!

16 日本のバイオーム

1 日本のバイオームの特徴

日本のバイオームはすごいんだよ！

何がすごいかって，日本では，基本的にどこにいっても十分な降水量があって，原則として森林のみが成立するんです！　だから，日本では**水平分布**（←緯度に応じたバイオームの水平方向の分布）と**垂直分布**（←中部地方における標高に応じたバイオームの垂直方向の分布）で，同じ種類のバイオームが同じ順番に出現するんです。

2 日本のバイオームの分布

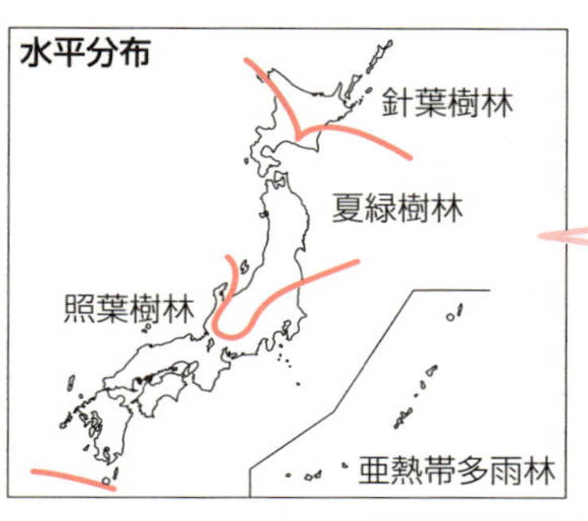

・水平分布と垂直分布で同じ種類のバイオームが同じ順に出現するのが特徴！

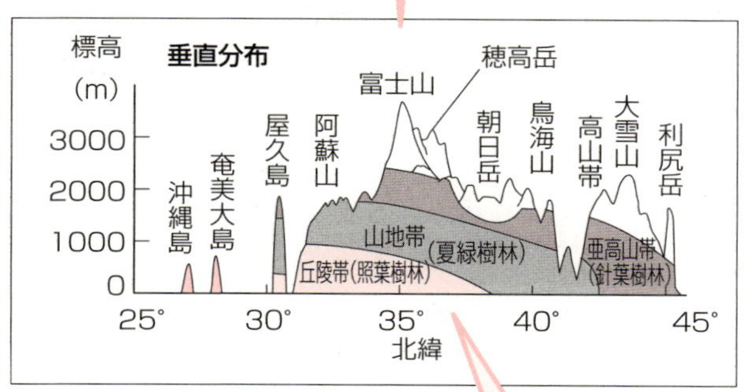

東京は北緯 36°！

日本のバイオームは低緯度地域から順に，亜熱帯多雨林，照葉樹林，夏緑樹林，針葉樹林となります（前ページの左の図）。九州，四国から関東地方までの低地に照葉樹林が，東北から北海道南部の低地には夏緑樹林が成立していますね。

気温は標高が100m増すごとに約0.5～0.6℃低下します。よって，標高に応じてバイオームが変化しますね。本州中部では，標高が700m程度までの**丘陵帯**（きゅうりょうたい）に照葉樹林が，1700m程度までの**山地帯**には夏緑樹林が，2500m程度までの**亜高山帯**には針葉樹林が成立します（前ページの右図）。

標高が2500mより高い場所には何があるんですか？

亜高山帯の上限を**森林限界**（しんりんげんかい）といって，さまざまな要因でこれより高い場所には森林ができません。森林限界よりも上の地帯は**高山帯**とよばれ，低木の**ハイマツ**や，**コマクサ**などの高山植物が分布しています。

ハイマツは漢字で「這松」！　樹高が低く，地面を這っているみたいなマツということだよ。
高山帯は風が強くて，高い樹木になることができないんだ。

3 暖かさの指数

日本では，**暖かさの指数**（しすう）を求めれば，どのようなバイオームが成立するかをほぼ推測できます。

暖かさの指数というのは，「1年間のうち，月平均気温が5℃を上回る月について，月平均気温から5℃を引いた値を求め，それらを合計した値」と定義されています。文章ではちょっとややこしいので，実際に，バイオームを推測してみましょう。

練習問題

表は2018年の東京の月別平均気温である。暖かさの指数を求めよ。

1月	2月	3月	4月	5月	6月	7月	8月	9月	10月	11月	12月	年平均
4.7	5.4	11.5	17.0	19.8	22.4	28.3	28.1	22.9	19.1	14.0	8.3	16.8

（オリジナル）

表で5℃以下の月は1月だけだから，1月以外の月の平均気温から5℃を引いて合計すればいいですね。暖かさの指数は(5.4－5)＋(11.5－5)＋(17.0－5)＋(19.8－5)＋(22.4－5)＋(28.3－5)＋(28.1－5)＋(22.9－5)＋(19.1－5)＋(14.0－5)＋(8.3－5)＝141.8となります。

日本のバイオームと暖かさの指数との関係は右の表のとおりです。東京は照葉樹林が成立する場所ということになりますね。

日本のバイオームと暖かさの指数の関係

バイオーム	暖かさの指数
亜熱帯多雨林	240 ～ 180
照葉樹林	180 ～ 85
夏緑樹林	85 ～ 45
針葉樹林	45 ～ 15

解答 141.8

月別平均気温のデータは気象庁のホームページに載っているから，他の地域でも調べてみよう。

基本的には「暖かさの指数」でバイオームを推測できますが，絶対ではないから注意してください。

チェック問題

標準 2分

図に基づき，次の文中の空欄に入る語の組合せとして最も適当なものを，下の①～⑧のうちから一つ選べ。

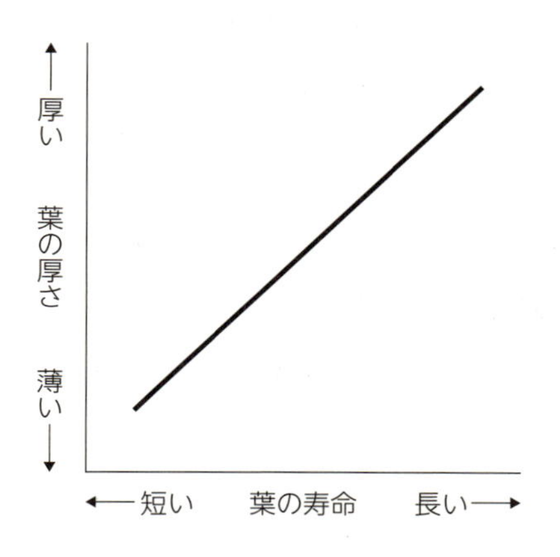

植物の葉の性質をさまざまな種間で比較した研究から，葉の厚さと葉の寿命の間に，前ページの図の関係が成り立つことがわかっている。

例えば，日本に生育する植物種のうち，生育に適した季節の長い地域に分布する［ア］などの常緑樹は，生育に適した季節の短い地域に分布する［イ］などの落葉樹に比べ，葉の寿命が［ウ］，葉の厚さが［エ］。

	ア	イ	ウ	エ
①	タブノキ	ブ　ナ	長　く	薄　い
②	タブノキ	ミズナラ	長　く	薄　い
③	ブ　ナ	スダジイ	短　く	薄　い
④	ブ　ナ	ヤブツバキ	短　く	薄　い
⑤	スダジイ	タブノキ	長　く	厚　い
⑥	スダジイ	ミズナラ	長　く	厚　い
⑦	ミズナラ	ブ　ナ	短　く	厚　い
⑧	ミズナラ	ヤブツバキ	短　く	厚　い

（センター試験　追試験）

解答・解説

⑥

照葉樹林のほうが夏緑樹林より，気温が高くて生育に適した期間が長い地域に成立します。**ブナ**と**ミズナラ**は夏緑樹林の代表樹種，**タブノキ**と**スダジイ**は照葉樹林の代表樹種ですので，植物の組合せとして①・②・⑥のいずれかが正しいことになります。

照葉樹林の常緑樹の葉の寿命は複数年に及ぶので，夏緑樹林の落葉樹よりも葉の寿命が長く，図から寿命が長いほど葉が厚くなることがわかります。

17 生態系とその成り立ち

1 生態系

「生態系とは何か？」を理解することは，環境問題をチャンと理解するための第一歩だよ！

ある地域に生息する生物と，それらを取り巻く環境とをまとめて**生態系**といいます。

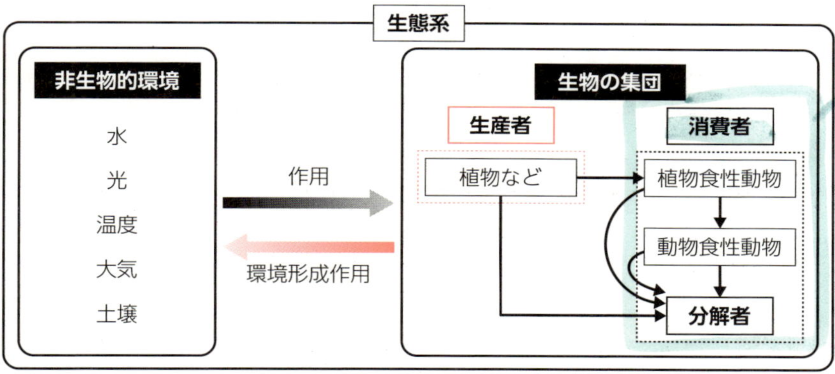

生態系において，植物や藻類のように無機物から有機物を合成できる**独立栄養生物**を**生産者**といいます。これに対して，生産者がつくった有機物を直接または間接的に取り込んで利用する**従属栄養生物**を**消費者**といいます。消費者のうち，生産者を食べる動物（植物食性動物）を**一次消費者**，一次消費者を食べる動物（動物食性動物）を**二次消費者**といいます。さらに，枯死体・遺体・排出物を分解する過程に関わる消費者を**分解者**といいます。

分解者は消費者の一種なんですね！

作用と環境形成作用については，108ページを参照してください。

生態系内での被食者と捕食者のつながりを**食物連鎖**といいます。実際の生態系では捕食者は複数種の生物を捕食しているので，食物連鎖は複雑な**食物網**（しょくもつもう）となっています。

2 栄養段階と生態ピラミッド

昨日，海鮮丼食べたんだけど…，　私って何次消費者なのかな…？

ヒトは雑食だしね。何次消費者とは決められないね。

生産者からみた食物連鎖の各段階を**栄養段階**（えいようだんかい）といいますね。各栄養段階の生物の個体数を調べて積み上げると，「基本的に」ピラミッド状になります。これを**個体数ピラミッド**といいます（下の左側の図）。

続いて，各栄養段階の生物の生物量…，すごくかみ砕いて表現すると「重さ」を測定して積み上げた場合にも，「基本的に」ピラミッド状になります。これを**生物量ピラミッド**といいます（下の右側の図）。

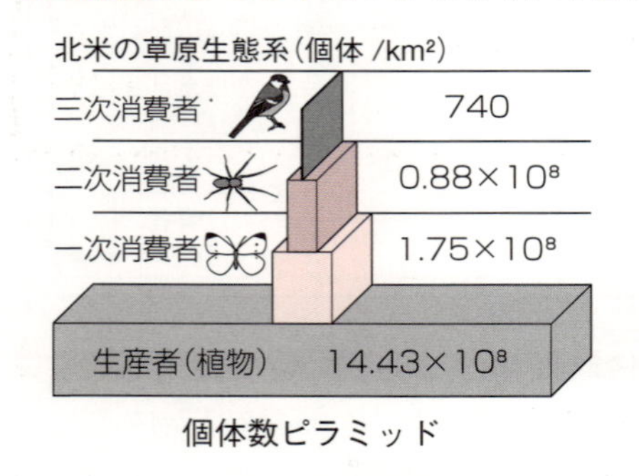

個体数ピラミッド

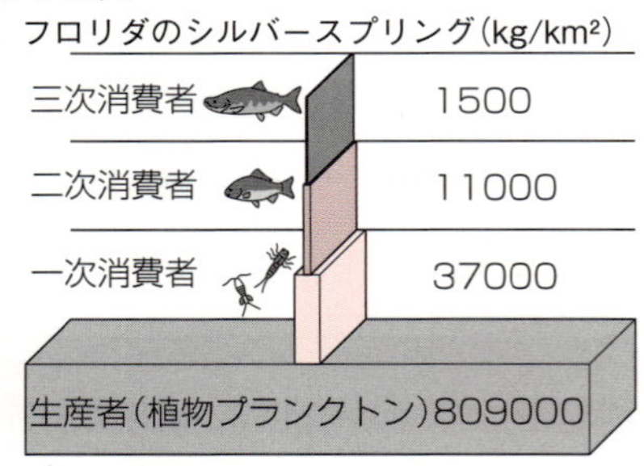

生物量ピラミッド

先生の「基本的に」っていう表現が気になりますね！

さすが，よく気づいたね♪

例えば，個体数ピラミッドだと…，生産者が巨大な樹木，一次消費者が小さな虫だとするよね。この場合，一次消費者の個体数のほうが圧倒的に多くなるでしょ？　このように，例外的にピラミッドが逆転することもあるので，「基本的に」って言ったんだよ。

おぉ！　なるほど♫

チェック問題

標準 

問1 「作用」と「環境形成作用」の両方の過程を具体的に示している記述として最も適当なものを，次の①～④のうちから一つ選べ。

① 地球温暖化により，高緯度地方にこれまでいなかった生物が侵入し，その地域に生息していた在来生物を駆逐することがある。

② 湖水中の栄養塩類が増加すると，植物プランクトンが大発生しやすくなり，夜間の溶存酸素濃度が減少する。

③ 光合成をする生物が減少すると，生産量が減少するので，植物食性動物の個体数が減少する。

④ 河口へ流入する川砂が減少すると，砂底を好むハマグリやアサリが減少し，泥底を好むシジミが増加する。

問2 水田の生態系において，一次消費者である生物を，①～⑤のうちから一つ選べ。

① クモ　② モズ　③ イナゴ　④ カエル　⑤ イヌワシ

（センター試験　追試験・改）

解答・解説

問1 ②　**問2** ③

問1 ① 気温の上昇という非生物的環境の変化により生物の分布が変化していますので，**作用**についての記述です。

② 栄養塩類(⇒ p.129)の増加という非生物的環境の変化によって植物プランクトンが増殖するのは**作用**です。植物プランクトンの増殖によって夜間の溶存酸素濃度が減少するのは**環境形成作用**です。

③ 生物どうしの関係についての記述です。

④ 川砂の減少という非生物的環境の変化により生物の個体数が変化していますので，**作用**についての記述です。

問2 一般常識を問う設問ですね。イナゴはイネを食べるのでイナゴという名前で，農業害虫として扱われています。

我が故郷，長野県ではイナゴを佃煮にして食べます。美味しいんですよ！　本当に♪　長野県に行く機会があれば是非！　お土産屋さんにも売っていますから。

…はい，前向きに検討します。

一応…，先日の伊藤家の食卓のイナゴちゃんです！

美味しいんですよ。ホント!!
うちの娘も大好きですもん!!

18 第５章　生態系とその保全
物質循環とエネルギーの流れ

1 炭素循環

物質は生態系内を循環しています。

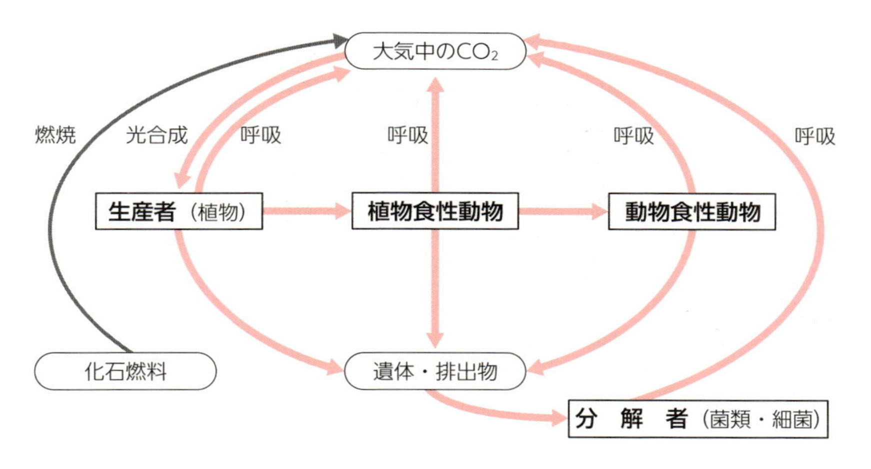

生物に含まれる有機物を構成する炭素原子(C)は，元々は二酸化炭素(CO_2)です。大気中にはCO_2が約0.04%(←0.04%は400ppmです)含まれており，生産者に取り込まれて有機物に変えられます。その有機物の一部は生産者の呼吸で利用されたり，体内に蓄積されたりします。また，一部は一次消費者(植物食性動物)に食べられ，さらに落葉・落枝などにより土壌へと供給されます。

動物が食べて獲得した有機物も同様に，呼吸で使われたり，体内に蓄積されたり，さらにほかの動物に食べられたり，遺体や排出物として土壌に供給されたりします。そして，土壌中に供給された有機物は分解者の呼吸によってCO_2に戻ります。ということで，炭素(C)は循環していますね。

上の図中の**化石燃料**というのは石油や石炭のことです。
人間がこれらを燃焼させて利用することで，大気中の二酸化炭素濃度が上昇していますね（⇒ p.130）。

第５章 生態系とその保全

2 窒素循環

炭素以外の物質も生態系内を循環しています。もちろん，窒素も循環しています。

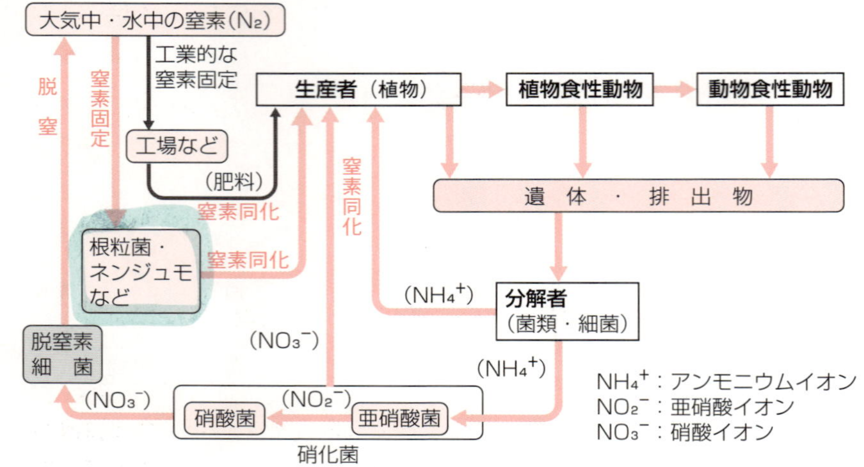

炭素循環より複雑そうですね。

確かに，ちょっと複雑だね。コツコツ攻めていこう！

窒素固定（ちっそこてい）は，大気中の窒素ガス（N_2）からアンモニウムイオン（NH_4^+）をつくることです。窒素固定は一部の原核生物のみが行うことができ，**根粒菌**（こんりゅうきん），**アゾトバクター**，クロストリジウム，さらに，ネンジュモなどの一部のシアノバクテリアなどが行っています。

根粒菌は単独で生活をしているときは窒素固定をしませんが，ゲンゲなどのマメ科植物の根に共生すると窒素固定を行うようになります。

あっ，そうそう！　窒素固定を行う窒素固定細菌は「根っから悪でんねん！」と覚えましょう（笑）　根粒菌，アゾトバクター，クロストリジウム，ネンジュモ

動植物の枯死体・遺体や排出物に含まれる有機窒素化合物は分解者のはたらきでアンモニウムイオン（NH_4^+）に変えられます。このNH_4^+は，**亜硝酸菌**（あしょうさんきん）と**硝酸菌**（しょうさんきん）という細菌により硝酸イオン（NO_3^-）になります。NH_4^+やNO_3^-は植物に取り込まれます。

亜硝酸菌と硝酸菌を合わせて**硝化菌**(しょうかきん)というんですね！

植物は取り込んだNH_4^+やNO_3^-を使ってタンパク質や核酸などの有機窒素化合物を合成します。このはたらきを**窒素同化**(ちっそどうか)といいます！

また，土壌中の一部のNO_3^-は**脱窒素細菌**(だつちっそさいきん)のはたらきによって窒素ガス(N_2)に戻されます。このはたらきを**脱窒**(だっちつ)といいます。

近年，窒素肥料などを工業的につくる人間の活動で，工業的に固定される窒素の量が増大しています。

3 エネルギーの流れ

エネルギーは生態系内を……，循環しません !!

エネルギーが循環するなら，太陽がなくなっても大丈夫なはずですよね（笑）太陽の光エネルギーは生産者の光合成によって吸収され，その一部が有機物の化学エネルギーに変えられます。この有機物の化学エネルギーは食物連鎖を通して上位の消費者に取り込まれたり，遺体や排出物として分解者に渡されたりします。この過程で利用されたさまざまなエネルギーは，結局，最終的には**熱エネルギー**になって大気中に放出されてしまいます。その後，この熱エネルギーは赤外線として宇宙空間へと出ていくんです（下の図）。

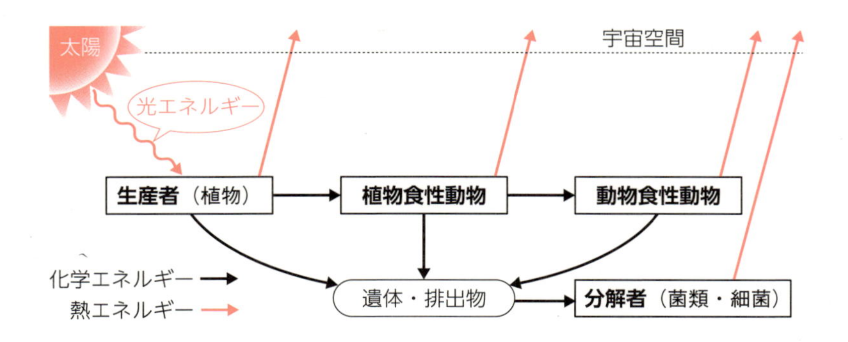

物質は循環するけど，エネルギーは循環しないということですね。

第5章 生態系とその保全

チェック問題 1

 標準 

問1 次の文中の空欄に入る語の組合せとして適当なものを，下の①～⑧のうちから一つ選べ。

生態系の中では，物質やエネルギーがさまざまな経路を通って移動している。例えば，多くの植物は無機窒素化合物を根から吸収し，［ア］などの有機窒素化合物をつくる。有機窒素化合物は，消費者に取り込まれたのち，遺体や排出物として土壌に供給され，微生物のはたらきによって無機窒素化合物に分解される。また，［イ］は大気中の窒素分子から無機窒素化合物をつくることができる。これら無機窒素化合物の一部は微生物のはたらきによって，窒素分子に変化して大気中に放出される。この現象は［ウ］とよばれる。

	ア	イ	ウ		ア	イ	ウ
①	タンパク質	硝化菌	脱　窒	⑤	グルコース	硝化菌	脱　窒
②	タンパク質	硝化菌	窒素固定	⑥	グルコース	硝化菌	窒素固定
③	タンパク質	根粒菌	脱　窒	⑦	グルコース	根粒菌	脱　窒
④	タンパク質	根粒菌	窒素固定	⑧	グルコース	根粒菌	窒素固定

問2 下線部に関する記述として**誤っているもの**を，次の①～⑤のうちから一つ選べ。

① 生産者が利用する光エネルギーは，太陽から供給される。

② 消費者や分解者から放出された熱エネルギーは，生態系内で循環し続ける。

③ 生産者は，光エネルギーを化学エネルギーに変換して有機物中に蓄える。

④ 消費者は，呼吸などに伴って化学エネルギーの一部を熱エネルギーとして放出する。

⑤ 分解者は，他の生物の遺体や排出物を分解して化学エネルギーを得る。

（センター試験　本試験）

解答・解説

問1 ③　　**問2** ②

問1 有機窒素化合物の例としては，タンパク質，核酸，ATPなどがあります。根粒菌はアゾトバクターなどと同様に窒素固定細菌です。硝化菌は亜硝酸菌と硝酸菌を合わせたよび名で，アンモニウムイオンを硝酸イオンに変えるはたらきをします。
土壌中の一部の硝酸イオンは脱窒素細菌が行う「脱窒」によって窒素ガスに戻されます。

問2 エネルギーは生態系内を循環しません！　流れるだけでしたね。

チェック問題 2 やや易 1分

次の文中の空欄に入る語の組合せとして最も適当なものを，下の①～⑥のうちから一つ選べ。

森林では，[ア]エネルギーの最大で1%程度が生産者によって[イ]エネルギーに変換される。[イ]エネルギーは，生産者，消費者および分解者に利用される過程を経て，最終的に[ウ]エネルギーとなる。[ウ]エネルギーは，赤外線となって地球外に放出される。

	ア	イ	ウ
①	化学	光	熱
②	化学	熱	光
③	光	化学	熱
④	光	熱	化学
⑤	熱	光	化学
⑥	熱	化学	光

（センター試験　本試験）

解答・解説

③

生産者が取り込む太陽からのエネルギーは，さすがに光エネルギーですね。そして，光合成によって，その一部が有機物になりますので，化学エネルギーとなって有機物に蓄えられます。この化学エネルギーは生態系内の生物の呼吸によって利用される過程を得て，最終的には熱エネルギーとして放出されます。

19 生態系のバランス

1 生態系のバランスと変動

バランス♪　バランス♪　バランスが大切♪

先生，ご機嫌ですね！　僕，ヒトデって可愛いイメージもっていたんですけど，次の図を見ると，高次消費者なんですね！　ビックリ！

ヒトデって星形で可愛いよね。やっぱり高次消費者といえばライオンとかサメのような怖いイメージもっている人が多いもんね。

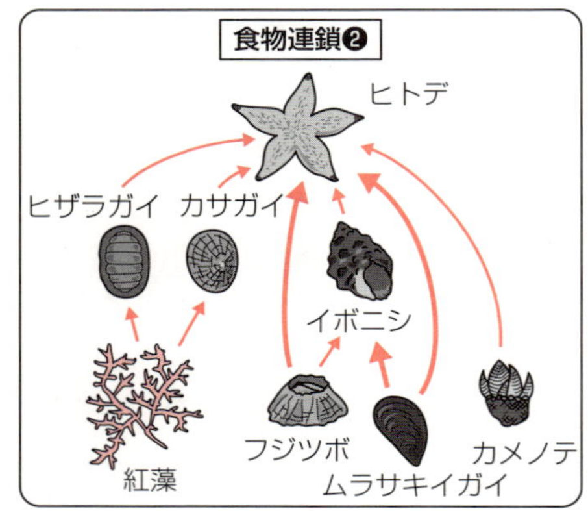

生態系を構成する生物を減らすような現象を**かく乱**(らん)といいます。生態系はかく乱を受けても，ある程度の範囲内であれば元に戻ります。この生態系を元に戻す力を**復元力**(ふくげんりょく)といいます。

「かく乱」は起こらないほうがいいんですよね？

復元力を超えるような大規模なかく乱が起きると，別の生態系に移行してしまいますが…，実は，少々であれば，かく乱が起きたほうがよい生態系もあるんですよ(⇒ p.128)。

さて，前のページの食物連鎖❶を見てください。
この食物連鎖が成立している生態系にシャチがやってきて，ラッコの個体数が激減しました。さぁ，この生態系はどうなっちゃうかな？

どうもシャチです！
ラッコを食べました♥

ウニが増えます！　さらに，増えたウニに食べられてコンブが減ると思います。

すばらしい！　このように，状況をイメージしながら考えていくことが重要だよ！　実は，コンブは森のように海底にたくさん生えていて，小さい魚や甲殻類(←エビなど)の生活場所にもなっています。このため，コンブが減ると，これらの動物も減少してしまいます。

この生態系は，ラッコがいなくなったことでバランスが大きく崩れてしまいましたね。ラッコのように，生態系のバランスを保つうえで重要な生物種のことを**キーストーン種**といいます。

次に，食物連鎖❷の生態系を考えよう。

食物連鎖❷に登場する生物は，岩場で生活しています。お互いに「食う・食われる」という関係にあったり，生活場所を奪い合うような競争関係にあったりします。この生態系からヒトデを除去すると…，

ヒトデに食べられていた生物が増えます！

さらに⁉

えっ？　さらに…，ですか…??

増えた生物（ムラサキイガイ，フジツボなど）の生活場所が不足してきます。その結果，生活場所を巡る争いが激しくなります。実は，この競争ではムラサ

キイガイがとっても強いんです！　ですので，しばらくすると，この岩場はムラサキイガイに独占され，他の種がほとんどいなくなってしまいます。

ヒトデがキーストーン種だったんですね。

そのとおり。ヒトデが様々な生物を捕食することによって，岩場の種の多様性が保たれていたんですね。このように，かく乱によって多様性が大きくなることがあります。台風でギャップができることで極相林に陽樹が生育できる現象(⇒ p.105)も，かく乱によって多様性が大きくなる例です。

生態系の保全

1 自然浄化

川や海などに流れ込む物質が，生態系に影響を与えることがあります。

川などに流入した有機物などの汚濁物質は，少量であれば分解者のはたらきなどにより減少します。この作用を**自然浄化**（しぜんじょうか）といい，復元力の一例と考えられます。

そもそも，有機物が流入することは悪いことなんですか？

有機物が流入すると，分解者である細菌が増殖します。すると，水中の酸素（O_2）が不足し，有機物の分解で生じたアンモニウムイオン（NH_4^+）の濃度が高まり，魚などが生息できなくなってしまいます。

湖沼や内湾に**栄養塩類**（えいようえんるい）が流入すると，さらに困ったことになる場合があります。栄養塩類というのは，窒素（N）やリン（P）を含む塩類（イオン）のことです。湖沼や内湾で栄養塩類の濃度が高まる現象を**富栄養化**（ふえいようか）といいます。人間活動によって大規模な富栄養化が起こると，これを利用する植物プランクトンが異常繁殖します。これが湖沼で起こったものが水面が青緑色になる**アオコ**（水の華（はな）），内湾で起こったものが水面が赤褐色になる**赤潮**（あかしお）です！

異常増殖したプランクトンの遺体を分解するために大量の酸素（O_2）が消費されます。アオコや赤潮が発生している場所では水中は酸欠状態となり，魚の大量死などが起こることがあります。

生態系のバランスが大きく崩れてしまうんですね。

2 地球温暖化

温室効果ガスってどんな気体かな？

二酸化炭素のことですよね？

確かに二酸化炭素は**温室効果ガス**の代表例だね。他にも**メタン**やフロンなども温室効果ガスです。下の図のように，温室効果ガスは地表から放出され，本来なら宇宙空間に出ていくはずの熱エネルギーを吸収し，再び地表に向かって放出してしまいます。

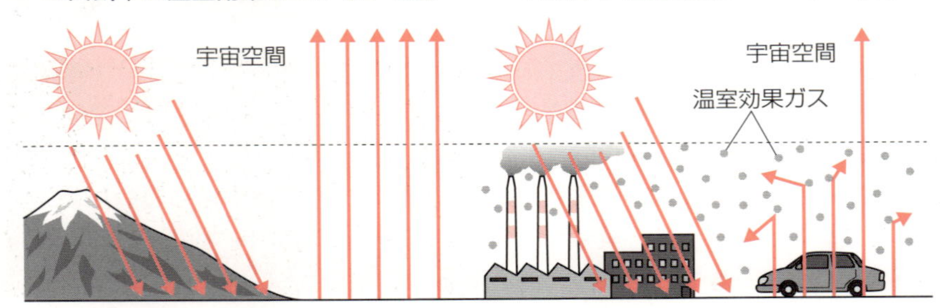

CO_2濃度は1990年では約350ppm（＝0.035％）だったのが，化石燃料の大量消費などにより，現在では約390ppm（＝0.039％）にまで上昇しています。その結果，21世紀末までに地球の気温が1.0〜3.7℃も上昇するといわれています。

3 生物濃縮

水俣（みなまた）病については，社会科で習ったかな？

生物に取り込まれた物質が体内で濃縮する現象を**生物濃縮**（せいぶつのうしゅく）といいます。生物濃縮は分解しにくい物質や体外に排出しにくい物質によって起こることが多く，食物連鎖を通して高次消費者の体内に，より高濃度に蓄積されてしまいます。

アメリカでDDTという農薬が生物濃縮され，カモメやペリカンなどの高次消費者の個体数が激減し，この現象が認識されるようになりました。

かつて，熊本県の水俣湾に化学工場から流入した**有機水銀**（ゆうきすいぎん）が生物濃縮され，1万人以上の人に神経障害などの健康被害（**水俣病**）が出てしまいました。その後，約500億円をかけて，水銀を封じ込めるための埋め立て工事が行われるなどして，現在では水俣湾の魚介類から環境基準を上回る水銀が検出されない状態になっています。

4 外来生物

うちの幼稚園の娘が「外来生物」の図鑑が大好きでねぇ。
「オオクチバス，オオクチバス！」言うてるんですよ。

英才教育（？）ですね。

右の写真がオオクチバスです。**外来生物**（がいらいせいぶつ）というのは，本来は，その地域に生息しておらず，人間の活動によってもち込まれ，定着した生物のことです。その中でも，移入先の生態系のバランスを壊したり，人間の生活に影響したりする生物は**侵略的外来生物**（しんりゃくてき）といいます。環境省により**特定外来生物**に指定された生物は，飼育や輸入などが禁止されています。オオクチバスの他に…，**フイリマングース**，アメリカザリガニ，カミツキガメ，ウシガエル……，ものすごく多くの種類の生物が特定外来生物に指定されています。

沖縄本島や奄美（あまみ）大島では，ハブを駆除するためにフイリマングースを導入しました。しかし，ハブが夜行性であるため，昼行性のフイリマングースはあまりハブを食べず，希少種であるアマミノクロウサギなどを食べてしまったんです。環境省は2005年に「フイリマングースを全頭捕獲する！」と決定しました。

アマミノクロウサギはあしが短くて，逃げるのが下手で…，
まさか，自分の島にマングースがいるとは思ってないもんね。

また，琵琶（びわ）湖では雑食性で繁殖力の強いオオクチバスが，在来生物であるホンモロコ，フナなどを食べてしまいました。

ホンモロコは，今では高級食材になってしまいました。

世界自然遺産に指定された小笠原諸島では，人間がもち込んだネコや外来生物のトカゲ(グリーンアノール)などが増殖して問題となっています。

外来生物の問題は本当に解決するのが難しいんです!!

外来生物の影響だけでなく，人間による開発といったさまざまな原因によって絶滅のおそれがある生物を**絶滅危惧種**といいます。絶滅のおそれがある生物をその危険性ごとに分類したものを**レッドリスト**といい，これを記載したものを**レッドデータブック**といいます。

日本の絶滅危惧種としては…，**イリオモテヤマネコ**，**ヤンバルクイナ**，**アマミノクロウサギ**，ハヤブサ，タイマイ，オオルリシジミ，マリモ，ライチョウ，ゲンゴロウ……と，2019年の時点で3676種も指定されています。

5 里山の保全

ここまで読み進めてきて，「絶対に，人間は自然に手を加えてはいけないんだ！」と決めつけてしまっていないかな？

実は，人間が手を加えることで守られる生態系もあるんだよ。

その代表例が**里山**！　里山というのは，昔ながらの農村の集落とその周辺のことです。水田や畑があって，水路があり，ため池があり，**雑木林**があります。里山にはこうした多様な環境があるため，多様な生物が生息しています。

雑木林ってどんな林ですか？

その集落に住んでいる人が薪などにするために，森に入って適度に木を伐採しているため，林冠に植物が密集しておらず，林床が比較的明るい状態に保たれている森林のことです。ですので，雑木林では**クヌギ**や**コナラ**といった陽樹が多く生育しています。クヌギやコナラは落葉樹ですが，照葉樹林が生育する地域であってもこれらが優占することが多いんです。雑木林に人手が加わらなくなると，遷移が進んで陰樹が優占する極相林になってしまいます。

雑木林には多様な生物がおり，絶滅危惧種や貴重な固有種が生息している場合もあります。ほったらかしにして雑木林が変化してしまうことで，これらの貴重な生物がいなくなってしまうおそれがありますね。

チェック問題　標準　4分

問1　次のPCBの生物濃縮の例に関する記述として**誤っているもの**を，下の①～④のうちから一つ選べ。

海水	→	プランクトン	→	イワシ	→	イルカ
0.00028		48		68		3700

（数字は試料1tあたりに含まれるPCBの質量（単位：mg））

① 高次消費者ほど蓄積物質の濃度が高くなるので，重大な影響が出ることがある。
② 高次消費者に移るときの蓄積物質の濃度上昇の割合は，ほぼ一定である。
③ 高次消費者ほど蓄積物質の濃度が高いのは，体外に排出されにくいからである。
④ 高次消費者ほど寿命が長く，蓄積される濃度が高い。

問2　里山についての記述として最も適当なものを，次の①～④のうちから一つ選べ。

① 日本の里山にはコナラなどの落葉樹からなる雑木林が存在することが多い。
② 本州の里山の森では，フイリマングースの移入によりウサギの個体数が減少している。
③ 里山の森は，生育している樹木が伐採されないように管理して保全されている。
④ 里山には，オオムラサキやオオクチバスなどの日本固有の生物が多くすんでいる。

問3　外来生物に関連する記述として**誤っているもの**を，次の①～④のうちから一つ選べ。

① 人間の活動によって，もともと生息していなかった場所に他の生息地からもち込まれた生物に対して，もともと生息していた生物は在来生物とよばれる。
② 人間の活動によって他の生息地からもち込まれ，移入先の生物や環境に大きな影響を与える生物には，動物も植物も含まれる。

③ 日本では，人間の活動によって他の生息地からもち込まれ，移入先の生物や環境に大きな影響を与える生物の飼育や運搬を規制する法律はなく，法的規制の対象となる生物も指定されていない。

④ オオクチバスは，人間の活動によって他の生息地から日本にもち込まれ，もともと移入先に生息していたある種の魚類を激減させた。

（センター試験　追試験・改）

解答・解説

問1 ②　**問2** ①　**問3** ③

問1 プランクトンからイワシへの濃度上昇は約1.4倍です。イワシからイルカへは約54倍ですので「一定の割合」ではありません。

問2 雑木林は人手を加えることで維持するんでしたね。ですから，③の「樹木が伐採されないように」は**誤り**です。
②と④は実質的に外来生物の知識を要求しています。フイリマングースが問題となっているのは沖縄本島や奄美大島ですので，本州の里山ではありません。また，オオクチバスは日本の固有種ではありませんね。

問3 特定外来生物は輸入，飼育，輸送などが法律で禁止されていますので，③の記述が**誤り**です。

無事に教科書の最後の内容までたどり着きましたね！
あとは…次の章で問題にどのように取り組むかを学びましょう♪

第６章　「考察力」をアップするスペシャル講義

正確に！ 総合的に！ 知識を使う！

この章では「どうやって問題を解くか」について解説をしていきます。

問題を一瞬で解いちゃうテクニックとかですか？

いやいや，そういう怪しげなテクニックではありません。

共通テストでは，「きちんと理解していること」「きちんと知識を使えること」「きちんとデータや実験結果を解釈すること」「きちんと実験を設計できること」などが要求されます。

ですから，小手先だけのテクニックや理解を伴わない丸暗記では高得点は望めません。第5章までで「きちんと理解していること」については達成できているはずです。それ以外の能力を鍛えるのが第6章です。具体的な問題を解きながら，説明していきたいと思います。

例題 1　標準　1分

ミトコンドリアに関する次の文章中の空欄に入る語の組合せとして最も適当なものを，下の①～⑧のうちから一つ選べ。

ミトコンドリアでは酸素を用いて呼吸が行われることで有機物が分解され，水と二酸化炭素を生じながら［ア］と［イ］から［ウ］が合成される。生命活動の多くで使用されるエネルギーは，［ウ］分子内の［イ］どうしを結ぶ［エ］の高エネルギー［イ］結合に蓄えられる。

	ア	イ	ウ	エ
①	ADP	水　素	ATP	二　つ
②	ADP	水　素	ATP	三　つ
③	ADP	リン酸	ATP	二　つ
④	ADP	リン酸	ATP	三　つ
⑤	ATP	水　素	ADP	二　つ

第6章 「考察力」をアップするスペシャル講義

⑥	ATP	水　素	ADP	三　つ
⑦	ATP	リン酸	ADP	二　つ
⑧	ATP	リン酸	ADP	三　つ

（センター試験　追試験）

普通の知識問題ですが…

確かに，何の変哲もない知識問題だよね。この問題をどんなふうに解くかな？「ATPは高エネルギーリン酸結合を2つもつ！」なんていう文章を暗記していたの？

いえ！　ATPとADPの構造を22ページで学んで覚えていたので，パッと解けました。

そのとおり！　生物の知識の多くは，図としてイメージできるように覚えていることが重要になります！　知識を図としてイメージしていれば，少々ややこしい表現の選択肢であっても，予想外の方向から問われても，対応できます。

例題1の解答　③

ポイント 図でイメージできる状態で覚えよう！

例題 2

やや難

次の文の管a～cの名称の組合せとして最も適当なものを，あとの①～⑥のうちから一つ選べ。

ブタの腎臓は，ヒトの腎臓と，大きさも構造もよく似ている。ブタの腎臓の外形を観察したところ，右の図のように，中央部付近に3本の管（管a～c）が見られた。それぞれの内部を観察したところ，管aと管bには血液が付着していたが，管cには付着していなかった。また，管aと管bの切断面の壁の厚さを観察したところ，管aは管bより厚かった。

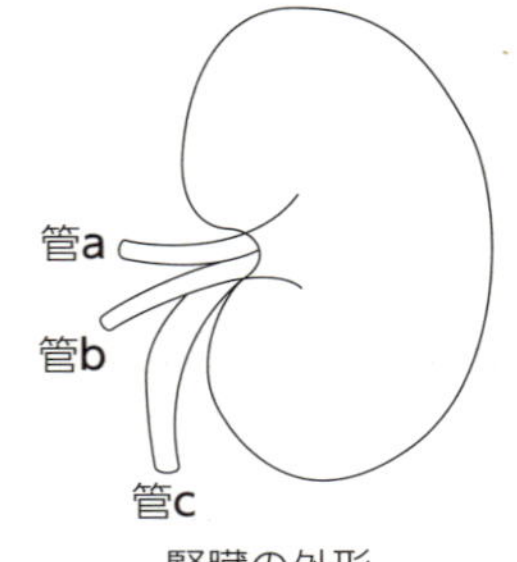

腎臓の外形

	管a	管b	管c		管a	管b	管c
①	腎動脈	腎静脈	細尿管	②	腎動脈	腎静脈	集合管
③	腎動脈	腎静脈	輸尿管	④	腎静脈	腎動脈	細尿管
⑤	腎静脈	腎動脈	集合管	⑥	腎静脈	腎動脈	輸尿管

（センター試験　本試験）

実は…，この問題は，管cについて間違えた受験生が多く，正答率が低かった問題なんです。

管aと管bは，血液が付着していたことから血管であることがわかります。また，血管壁が厚い管aが動脈と考えられますので，正答は①～③に絞られます。ここまでは問題ないですね。図でイメージできる人にとってはやさしい問題ですが，管cは腎臓でつくられた尿を**ぼうこう**へと運ぶ**輸尿管**(ゆにょうかん)です(⇒ p.63)。そもそも，細尿管と集合管は腎臓の中にあるものですので…，管cであるはずがありません。

腎臓の分野は尿生成のしくみの理解，計算問題の演習ばかりになってしまいがちで，腎臓の構造などに意識が向かない受験生が少なくないようです。やはり，教科書に載っている図は重要なものばかりですので，シッカリと見ておきたいですね。

例題2の解答　③

例題 3　標準　3分

次の(1)～(6)のホルモンは，図のX～Zのどの部分にある内分泌器官から主に分泌されているか。最も適当なものをX～Zの記号でそれぞれ答えよ。

(1)　バソプレシン　　(2)　パラトルモン
(3)　鉱質コルチコイド　　(4)　インスリン
(5)　成長ホルモン　　(6)　セクレチン

（センター試験　追試・改）

X
Y
Z

そもそも，すい臓はどこにあるの？　甲状腺はどこにある？

こういったことを知らずに「甲状腺からチロキシン！」と丸暗記しても…，イマイチ面白くない。図を押さえることで「自分のからだのことを学んでいる

んだ!!」という実感がわいてきますね♪

教科書などで臓器の配置の図をもう一度見てください！　なお，(1)〜(6)の各ホルモンを分泌する内分泌腺は次のとおりです。

(1) **脳下垂体後葉**，(2) **副甲状腺**，(3) **副腎皮質**，
(4) **すい臓のランゲルハンス島のB細胞**，(5) **脳下垂体前葉**，(6) **十二指腸**

例題3の解答 (1) X　(2) Y　(3) Z　(4) Z　(5) X　(6) Z

例題 4

標準 1分

次の①〜④の図は，いろいろな細胞の分泌様式を図示したものである。図中の黒丸は分泌物を，また矢印は分泌の方向を示す。インスリンの分泌様式として最も適当なものを，次の①〜④のうちから一つ選べ。

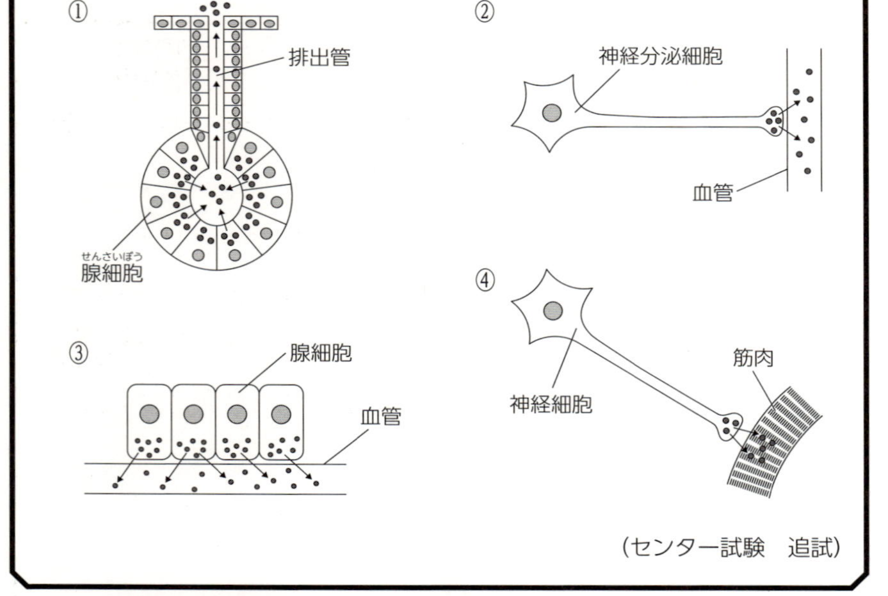

（センター試験　追試）

ホルモンは**内分泌腺**（ないぶんぴせん）から血液へ，と直接分泌されますね。この段階で②と③がホルモンの分泌を表す図であることがわかります。75ページで解説しましたが，②のような神経分泌細胞からのホルモンの分泌を**神経分泌**（しんけいぶんぴ）といい，視床下部から分泌される甲状腺刺激ホルモン放出ホルモンや，脳下垂体後葉から分泌されるバソプレシンは神経分泌細胞から分泌されます。視床下部で合成されて神経分泌されるホルモン以外のホルモン（インスリン，チロキシンなど）は，

③のような腺細胞により分泌されます。

①は排出管を介して分泌しているので，外分泌腺ですね。
④は，何ですか？

あっ，④は，生物基礎の範囲外です！

このように，範囲外の知識が含まれるような問題であっても，生物基礎の範囲で必ず正解を選ぶことができるように問題がつくられているから，ビックリせずに落ち着いて解きましょう。範囲外ですが，念のため，④は運動神経の神経細胞が筋肉に対して情報を伝えている様子です。

例題4の解答　③

では，次の問題にチャレンジ！

例題 5

アキラとカオルは，オオカナダモの葉を光学顕微鏡で観察し，それぞれスケッチをしたところ，次の図1のようになった。

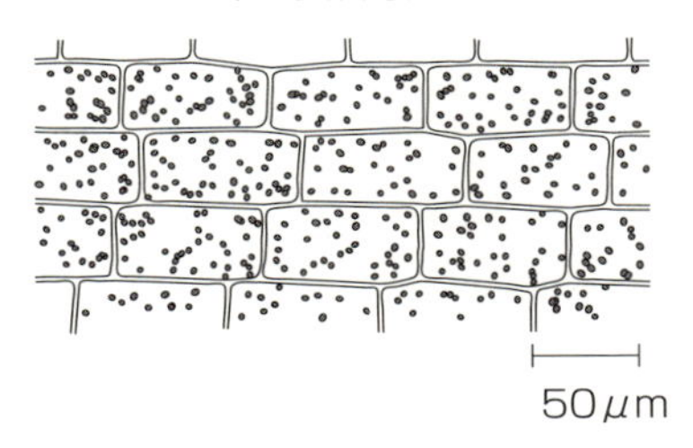

アキラのスケッチ

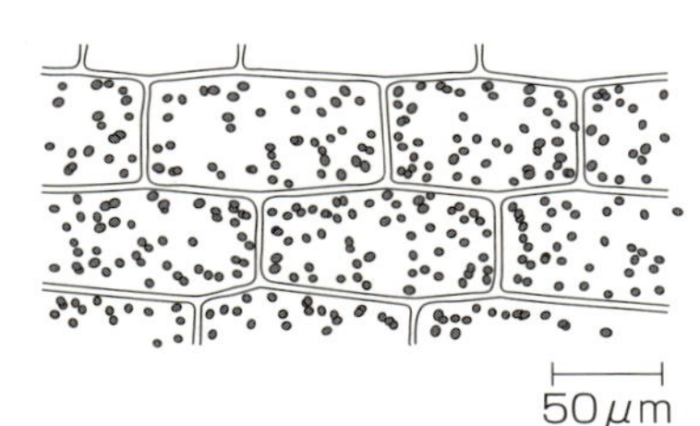

カオルのスケッチ

図1

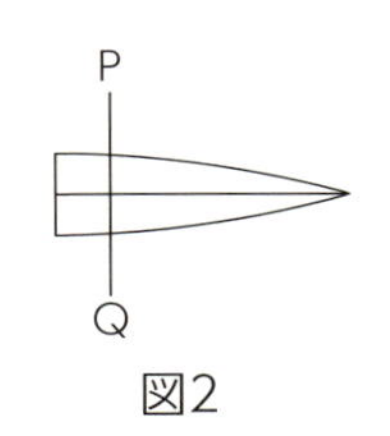

図2

第6章 「考察力」をアップするスペシャル講義

次の会話中の下線部について，二人の会話と図1をもとに，葉の横断面(図2中のP－Qで切断したときの断面)の一部を模式的に示した図として最も適当なものを，あとの①～⑥のうちから一つ選べ。

アキラ：スケッチ(図1)を見ると，オオカナダモの葉緑体の大きさは，以前に授業で見たイシクラゲの細胞と同じくらいだ。実際に観察すると授業で習った細胞内共生説にも納得がいくね。

カオル：ちょっと，君のを見せてよ。おや，君の見ている細胞は，私が見ている細胞よりも少し小さいようだなあ。私のも見てごらんよ。

アキラ：どれどれ，本当だ。同じ大きさの葉を，葉の表側を上にして，同じような場所を同じ倍率で観察しているのに，細胞の大きさはだいぶ違うみたいだなあ。

カオル：調節ねじ(微動ねじ)を回して，対物レンズとプレパラートの間の距離を広げていくと，最初は小さい細胞が見えて，その次は大きい細胞が見えるよ。そのあとは何も見えないね。

アキラ：そうだね。それに調節ねじを同じ速さで回していると，大きい細胞が見えている時間のほうが長いね。

カオル：そうか，<u>観察した部分のオオカナダモの葉は2層でできているん</u>だ。ツバキやアサガオの葉とはだいぶ違うな。

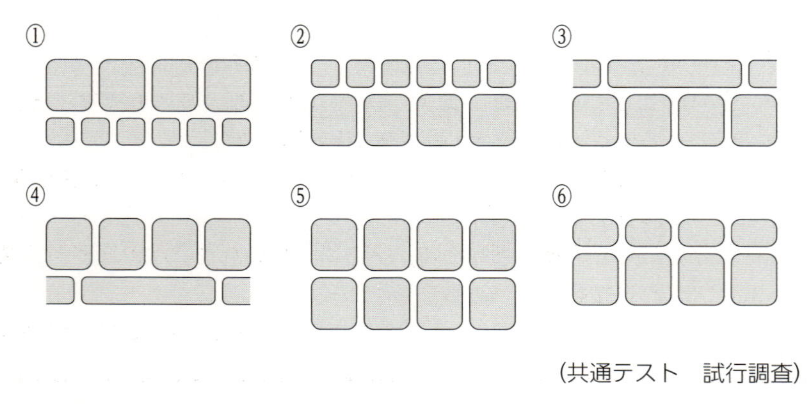

(共通テスト　試行調査)

カオルの2回目の会話が解答に直結する内容です。「対物レンズとプレパラートの間の距離を広げていく」という操作を映像でイメージできますか？　次のページの図の(1)～(3)のように，対物レンズとプレパラートの距離(図中の赤い矢印)を広げていくと…，ピントが合っている高さ(図中の●の部分)が少しずつ上にずれていきますね。

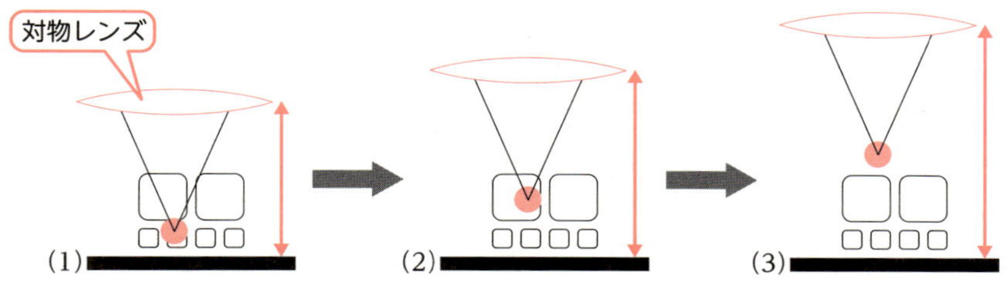

最初は小さい細胞が見えて(←(1)の状態)，その次に大きな細胞が見えて(←(2)の状態)，そのあとは細胞が見えない(←(3)の状態)ということです。上のような図が映像がイメージできればOKです！

例題5の解答 ①

生物を学ぶ上で図でイメージすることが重要であることがつかめましたね？　では，別のタイプの問題を解いてみましょう！

例題 6

やや難

ゲノムに関する記述として最も適当なものを，次の①～⑤のうちから一つ選べ。

① どの個人でも，ゲノムの塩基配列は同一である。
② 受精卵と分化した細胞とでは，ゲノムの塩基配列は著しく異なる。
③ ゲノムの遺伝情報は，分裂期の前期に2倍になる。
④ ハエのだ腺染色体は，ゲノムの全遺伝子を活発に転写して膨らみ，パフを形成する。
⑤ 神経の細胞と肝臓の細胞とで，ゲノムから発現される遺伝子の種類は大きく異なる。

(センター試験　本試験)

ハエの**だ腺染色体**…，転写して…**パフ**……④かなぁ？

はい，狙いどおりの不正解(笑)。単語の組合せで正誤判定をしてしまう癖をもった受験生が多くいるんです。確かに，④は単語の組合せはよい雰囲気を醸(かも)し出していますね。しかし，単語の組合せで正誤判定するのは絶対にだめです！　文章の正誤判定は文章の内容を吟味(ぎんみ)してください。当たり前のようなこ

第6章 「考察力」をアップするスペシャル講義

とですが，これは本当に大事！　だって，実際の試験で受験生の約3割が④を選んでしまったんですよ！

④の記述は，「全遺伝子」がダメなんですね。細胞ごとに必要な遺伝子を選択的に発現させ（≒転写して），いらない遺伝子は転写していませんから，④は**誤り**です。

血液型が，A 型の人もいるし，O 型の人もいる。個々の人の間でゲノムは完全に同一でないことは明らかなので，①は**誤り**。からだを構成する細胞は，1つの受精卵が体細胞分裂をくり返して生じたものなので，同一個体なら皮膚の細胞も骨の細胞も，基本的に受精卵と同じゲノムをもっています。よって，②も**誤り**。遺伝情報が2倍になるのは間期の S 期ですから，③も**誤り**です。

神経の細胞では神経の細胞として必要な遺伝子を，肝臓の細胞では肝臓の細胞として必要な遺伝子を発現させているので，両者で発現させている遺伝子の種類は異なりますね。⑤は**正しい**記述です。

例題6の解答　⑤

単語の丸暗記，単語の組合せに対して機械的に反応していると…「ワナ選択肢」に引っかかっちゃいますからね。

ポイント **単語の組合せや文章の雰囲気で正誤判断しない！**

このアドバイスを踏まえて，もう少し演習をしてみましょう！

例題 7　標準　2分

ミトコンドリアに関する記述として最も適当なものを，次の①～⑤のうちから一つ選べ。

① ミトコンドリアの内部の構造は，光学顕微鏡によって観察することができる。

② ミトコンドリアは独自の DNA をもち，その DNA は核膜によって囲まれている。

③ ミトコンドリアは呼吸に関係する酵素を含み，デンプンを取り込み分解することでエネルギーをつくり出す。

④ ミトコンドリア内で起こる反応では，水(H_2O)がつくられる。

⑤ ミトコンドリアは，宿主となる細胞にシアノバクテリアが取り込まれて共生することで形成されたと考えられている。

（センター試験　本試験）

ミトコンドリアは…DNA をもつ…
あっ！　ちゃんと文章の内容を吟味しなくちゃ!!

そうそう！　「ミトコンドリアは DNA をもつよ〜♪」というだけで判断してはいけません。それでは，最も間違いやすい選択肢である②から吟味しましょう。確かにミトコンドリアは DNA をもっていますが，ミトコンドリアの中に核膜に包まれた核なんてありませんね。ですから，②はもちろん**誤り**です。ミトコンドリアの内部構造は，電子顕微鏡を用いないと観察できませんので，①は**誤り**です。③は範囲外です。実際に，ミトコンドリアに分子が大きいデンプンが取り込まれることはないので，**誤り**ですが，無視してください。

呼吸では二酸化炭素（CO_2）と水（H_2O）が生じるので，④は**正しい**記述ですね。最後，⑤は葉緑体についての細胞内共生説の記述ですから，**誤り**です。

いいですか？　文章の内容を吟味するんですよ!!

例題7の解答　④

例題 8

ヒトの体液循環に関する記述として最も適当なものを，次の①〜⑤のうちから一つ選べ。

① 血液が流れる血管の壁は，毛細血管，動脈，静脈の順に薄くなる。
② リンパ液は，鎖骨下の静脈で血液に合流する。
③ 血液を試験管に入れて放置すると，血液凝固を起こし，沈殿物と血しょうに分離する。
④ 赤血球中のヘモグロビンのうち，酸素ヘモグロビンとして存在している割合は，肺静脈中より肺動脈中のほうが多い。
⑤ 血液1mm^{3}あたりの血球数は，血小板より白血球のほうが多い。

（オリジナル）

③なんかは，よい雰囲気を醸し出しているけどね (^^;)

もう大丈夫です！
沈殿物は**血ぺい**，上澄みは血しょうではなく**血清**ですもんね！

完璧ですね。試験管に採血した血液を入れて血液凝固を観察する実験については57ページを参照してください。この問題で最も多く間違って選ばれてしまった選択肢が③なんです！　雰囲気で正誤判定するなんて危険すぎます。

血管の構造は48ページを参照してください。毛細血管は一層の内皮細胞からなりますので，さすがに最も血管壁が薄いことがわかりますので，①は**誤り**です。リンパ液は**鎖骨下静脈**で血液に合流するので，②は**正しい**記述です。

④は定番の要注意知識です！　**肺動脈**を流れる血液は**静脈血**，**肺静脈**を流れる血液は**動脈血**ですので，④は**誤り**です。最後に…，血球の数について「赤血球＞血小板＞白血球」でした！　よって，⑤も**誤り**です。大小関係だけでなく，大体の数（個 /mm³）を把握しておきましょう（⇒ p.46）。

例題8の解答　②

さぁ，次のパターン演習に進もう！

例題 9

やや難

ホルモンに関する記述として最も適当なものを，次の①～④のうちから一つ選べ。

① バソプレシンは，尿の塩分濃度を低下させるはたらきをもつ。
② インスリンは，肝細胞がグルコースを放出することを促進する。
③ 糖質コルチコイドは，肝細胞内のタンパク質量を減少させる。
④ パラトルモンは，原尿からのカルシウムイオンの再吸収を抑制する。

（オリジナル）

なんだか，どの選択肢も意地悪ですねぇ…

いやいや，別に意地悪なわけではありません。でも，丸暗記しているだけの受験生にとっては厳しい選択肢ですね。

バソプレシンのはたらきは？

集合管に作用して，原尿からの水の再吸収を促進します。

正解！　普通はそう覚えていますよね。バソプレシンのはたらきをチャンと理解できているかチェックしよう…。バソプレシンによって，尿量はどうなりますか？　尿の塩分濃度は？　では，体液の塩分濃度は？

原尿から水を再吸収すると，尿量が減少します。そして，原尿からドンドン水が再吸収されていくと，尿の塩分濃度が上昇します！　逆に，体液には水がドンドンと戻っていくので，体液の塩分濃度は低下しますね。

これらについて全て暗記しておくなんて無理です！「水の再吸収が促進されるということは…？」と考えて，別の表現に言い換えられるかどうかがポイントになります。

ですので，①は**誤り**です。②については，知識として暗記している人も多いでしょう。**インスリン**は血糖濃度を下げるホルモンですから，血液中から細胞内へとグルコースの取り込みを促進するので，**誤り**ですね。③も「言い換え」がポイントです。**糖質コルチコイド**が肝細胞に作用すると，タンパク質からグルコースがつくられ，血糖濃度を上昇させます。これを言い換えると…肝細胞内のタンパク質の量は減少しますよね。よって，③は**正しい**記述です。

最後に④です。**パラトルモン**は**副甲状腺**から分泌され，血中のカルシウムイオン濃度を上昇させるホルモンでした（⇒ p.77）。選択肢の記述を言い換えて考察しましょう。原尿からのカルシウムイオンの再吸収を抑制するということは，血中にカルシウムイオンが戻ってこないということです。これでは血中カルシウムイオン濃度は上昇しませんね。よって，④は**誤り**です。

例題9の解答　③

ポイント　別の表現に言い換える訓練をしよう！

例題 10

標準

次の記述の正誤を判定せよ。

アフリカツメガエルの卵と腸の細胞とで，$\dfrac{核の大きさ}{細胞の大きさ}$ の値を比べると，卵のほうが大きな値になる。

（オリジナル）

何ですか，この謎の分数は？

「言い換え」を駆使して考察してみましょう！

核の大きさですが，同じ生物の核ですので，基本的にはほぼ同じ大きさとみなしてよいでしょう。そして，細胞の大きさは…，卵のほうが圧倒的に大きいですよね？

この問題，言い換えてしまえば，結局のところ「卵と腸の細胞とではどっちが大きい？」という知識を問うだけの問題です。

もちろん，細胞の大きさは，腸の細胞より卵のほうが大きいです。よって，この分数の値については，卵のほうが小さい値になります。

「よく考える！」なんていう漠然としたイメージではなく，「言い換えてみよう！」という具体的な作戦を意識できれば，やさしい問題といえますね。

例題10の解答　**誤り**

実験問題を攻略しよう！

実験問題は苦手です（涙）

実験問題が苦手という人は少なくないよね。問題を解きまくっても解決できない場合も多いので，実験問題に対するちゃんとしたアプローチを学びましょう！

まずは，「教科書に載っている重要な実験（探究活動）を理解できているか？」です。操作手順や結果を暗記しているかではなく，「なぜ，その順番なのか」「この操作は何のために行うのか」などが理解できているかどうかです。では，皆さんが理解しておく必要のある，教科書に載っている重要な実験を紹介していきますね。

❶ 顕微鏡操作とミクロメーター

光学顕微鏡は使ったことありますか？

ありま～す！

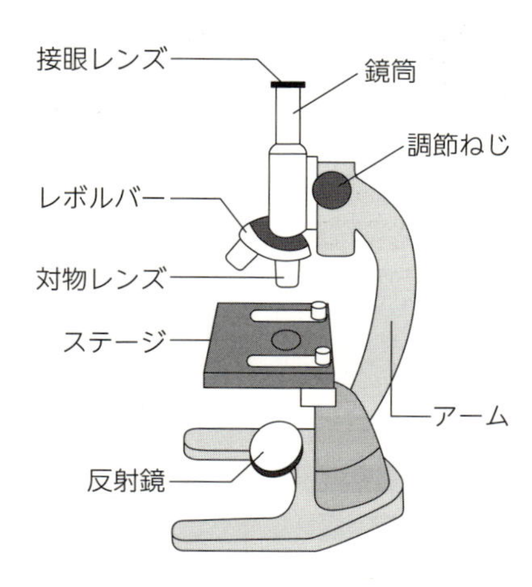

使ったことがあるのなら，そのときの様子を思い出しながら読んでくださいね。まずは，右の図の光学顕微鏡の各部位の名称は覚えていますか？ **レボルバー**を回すと，観察に用いる**対物レンズ**を変えることができますね。光学顕微鏡を使う上での重要な注意事項である，次の3つを押さえましょう！

- ❶**接眼レンズ**→**対物レンズ**の順にレンズを取りつける。
- ❷対物レンズと**プレパラート**を離しながらピントを合わせる。
- ❸顕微鏡を通して見る像は，上下左右が逆になっている。

もちろん，これ以外にも注意事項はありますが，この3つをちゃんと理解しましょう。

❶は，**鏡筒**内にホコリが入ることを防ぐため，先に接眼レンズで蓋をしてしまうイメージです。

❷は，対物レンズとプレパラートがぶつかって破損してしまうことを防ぐためですね。

❸については…，次の問題を解いてみましょう！

例題 11

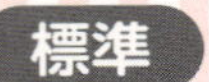

図は，10倍の接眼レンズと10倍の対物レンズを用いて，文字と格子状の線が印刷されたスライドガラスを光学顕微鏡で観察したときの視野の様子を示している。対物レンズを40倍に交換してピントを合わせ，同じスライドガラスを観察した際の視野の様子として最も適当なものを，次の①～⑧のうちから一つ選べ。ただし，しぼりや反射鏡などの明るさに関わる部分については，対物レンズの交換前後で調節していないものとする。

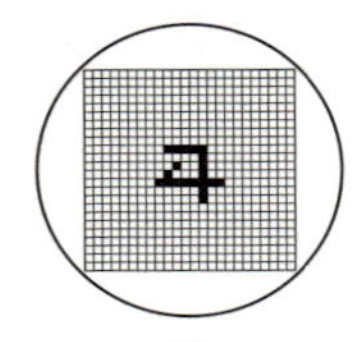

図

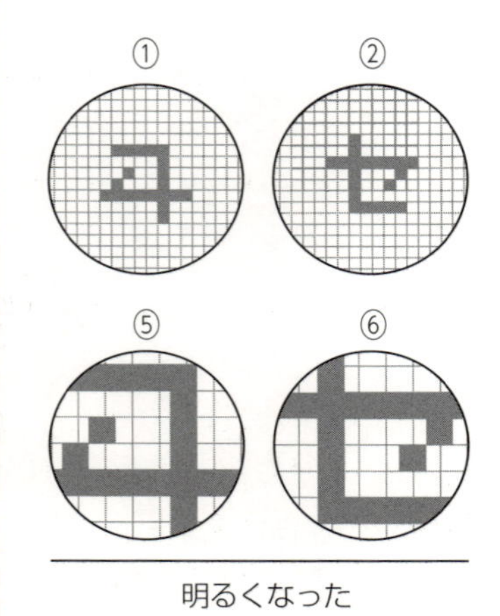

③ ④ ⑦ ⑧

暗くなった

（センター試験　追試）

この本を上下逆さま（180°回転）にして「セ」と読めるものが，上下左右が逆になっていますね。あと，倍率が元の4倍になったので文字の幅や高さが4倍になります。そして，倍率を高くすると視野が狭く，暗くなります。

例題11の解答 

顕微鏡で観察しているものの大きさを測定するにはミクロメーターを使います。

接眼ミクロメーターは接眼レンズの中にセットし，細胞などの大きさを実際に測定するために用いる目盛りです。接眼ミクロメーターの1目盛りがどれくらいの長さなのかは，毎回求める必要があります！　**対物ミクロメーター**はステージに置いて使います。対物ミクロメーターの目盛りを基準として，接眼ミクロメーターの1目盛りの長さを求めます。

対物ミクロメーターは基準として使う目盛りです！　測定には接眼ミクロメーターを使います！　間違えないようにしてくださいね！

まずは，使ってみましょう！

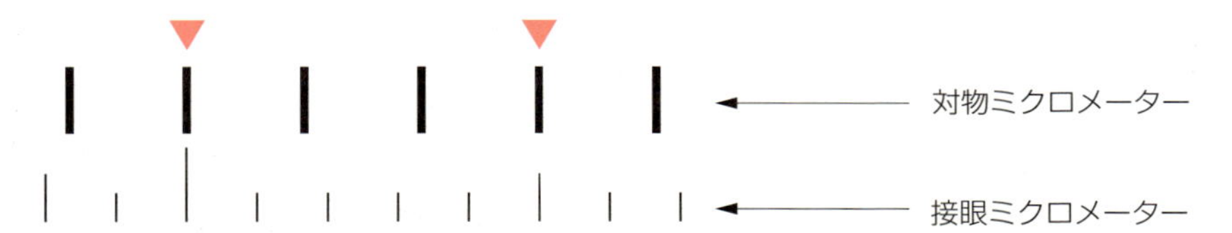

図中の▼の2点で両方の目盛りがぴったり重なっていますね。

そのとおり！　ここで用いた対物ミクロメーターは一般的なもので，1目盛りが10μm（=0.01mm）としてください。この▼の間の距離は…3×10=30μmです。これが接眼ミクロメーターの5目盛り分に相当するのですから，接眼ミクロメーターの1目盛りは30μm÷5=6μmと求められますね。

ミクロメーターを用いる際の注意事項です！　レボルバーを回して対物レンズの倍率を変えたら要注意！　接眼ミクロメーターは接眼レンズの中にあるので，対物レンズの倍率を変えても目盛りの見え方は変わりませんが，1目盛りが意味する長さが変わります。

上の図のように，対物レンズの倍率が元の2倍になれば，対象物の見え方は2倍になり，接眼ミクロメーター1目盛りが意味する長さは$\frac{1}{2}$倍になりますね。

例題 12

標準

光学顕微鏡を用いてオオカナダモの葉の細胞を観察した。次の文章中の［ア］，［イ］に入る数値として最も適当なものを，下の①～⑧のうちから一つずつ選べ。ただし，同じものをくり返し選んでもよい。

10倍の接眼レンズと10倍の対物レンズを使い，1目盛りが1mmの100分の1である対物ミクロメーターと接眼ミクロメーターとを用いて，細胞の長さを測定したところ，細胞の長さは接眼ミクロメーターの6目盛りに相当した。このレンズの組合せのとき，接眼ミクロメーターの10目盛りが対物ミクロメーターの12目盛りに相当したので，細胞の長さは［ア］μmである。また同じ10倍の接眼レンズと，40倍の対物レンズの組合せを用いると，同じ接眼ミクロメーターの1目盛りは，理論上，［イ］μmに相当すると考えられる。

① 2　② 3　③ 6　④ 36　⑤ 48
⑥ 60　⑦ 72　⑧ 84

（センター試験　追試）

まず，「接眼ミクロメーターの10目盛りは対物ミクロメーターの12目盛りに相当した」の部分を検討しましょう！

対物ミクロメーターの12目盛りはナンボ？

1目盛りが10μmなので，120μm！

OKです。これが，接眼ミクロメーターの10目盛りに相当しますから…，接眼ミクロメーターの1目盛りは120μm÷10＝12μmです。よって，観察した細胞の長さは，6(目盛り)×12μm＝72μmとなります。

対物レンズの倍率を40倍にすると，10倍のときの4倍の倍率になりますね。すると，接眼ミクロメーターの1目盛りの長さは$\frac{1}{4}$倍，すなわち12μm×$\frac{1}{4}$＝3μmになります。

例題12の解答　ア　⑦　イ　②

❷ 細胞分裂の観察

ところで，授業の顕微鏡観察では，何を観察しましたか？

ええっと…，タマネギの根だったと思います。

そのときのことを思い出しながら聞いてください♪　まず，タマネギの根端のプレパラートを作成する手順を確認しましょう！

手順❶　タマネギの根を先端から1cm 程度の場所で切り取り，45% 酢酸に10分程度浸す。

⇒　この操作を**固定**(こてい)といいます。この操作によって，細胞は死んでしまいますが，細胞の構造が崩れたり，分解されたりすることが防げるので，見た目は生きていたときのまま保つことができます。

手順❷　固定した根端を約60℃の希塩酸に15秒ほど浸し，スライドガラス上に観察に用いる先端の約2mm の部分を残して，他を取り除く。

⇒　この操作を**解離**(かいり)といいます。植物細胞どうしは細胞壁で接着しています。温めた塩酸に浸すと，細胞壁の接着に関わる物質を除去することができ，細胞どうしが接着していない状態になります（下の図）。

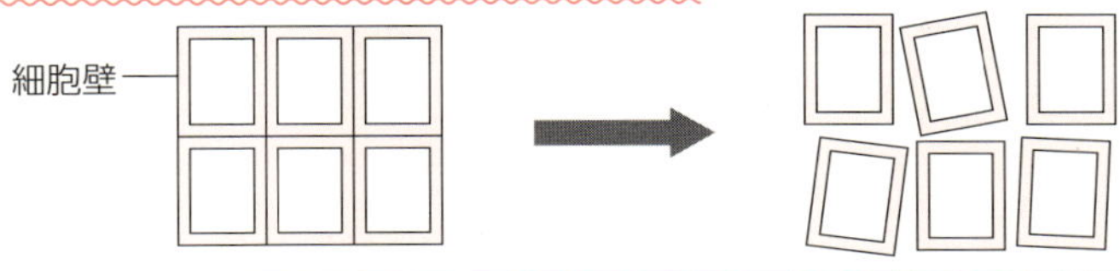

手順❸　**酢酸カーミン**などの染色液を滴下して約10分放置する。

手順❹　カバーガラスを乗せ，プレパラートをろ紙の間に挟み，親指で垂直に強く押しつぶす。

⇒　❸，❹の操作をそれぞれ，**染色**(せんしょく)，**押しつぶし**といいます。押しつぶしをすると，細胞が1層に広がり（＝細胞が重なっていない），観察しやすくなります（次のページの図）。

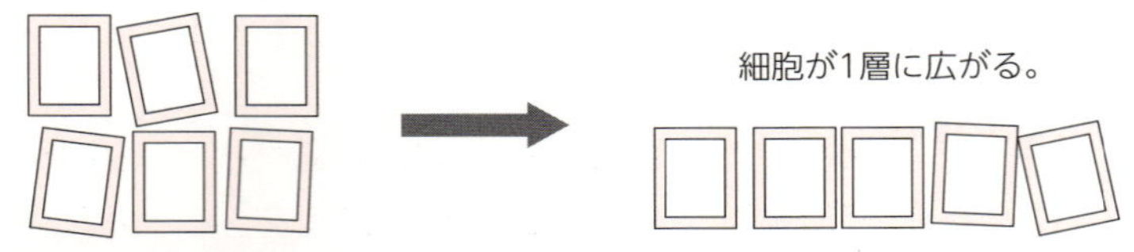

根端細胞のプレパラート作成についての問題を見てみましょう。

例題 13

標準

タマネギの根端細胞の細胞周期の長さを調べるために，以下の実験を行った。盛んに体細胞分裂を行っている組織をタマネギの根端から取り出し，酢酸オルセインで染色し，押しつぶして標本をつくった。標本を顕微鏡で観察し，標本に含まれる間期の細胞と分裂期（M 期）の細胞の数を数えた。その結果，間期の細胞が168個，M 期の細胞が42個であった。

タマネギの根端細胞の間期が20時間であるとすると，細胞周期全体の長さと M 期の長さはそれぞれ何時間になるか。

（センター試験　本試験・改）

根端分裂組織のように細胞がバラバラのタイミングでランダムに分裂している集団の場合，観察されるある時期の細胞数とある時期に要する時間との間にはほぼ比例関係が成立するものとすることができます。

分裂期（M 期）の細胞が少なかったのは，細胞周期の中で M 期に要する時間の割合が小さかったから，ということですね。（間期の細胞数）：（M 期の細胞数）＝（間期の長さ）：（M 期の長さ）

よって，M 期に要する時間は，20時間× $\frac{42}{168}$ ＝5時間となります。

例題13の解答　細胞周期の長さ：**25時間**　　M 期の長さ：**5時間**

なお，細胞周期の長さは「G_1期＋ S 期＋……＋終期」ですが，「細胞数の倍加に要する時間」として求めることもできます。

例えば，100個の細胞が60時間で400個になったとすると…，30時間で細胞数が倍加するというスピードで細胞数が増加しています。したがって，この細胞集団について，細胞周期の長さは30時間と求めることができます。

❸ だ腺染色体の観察

ショウジョウバエやユスリカなどの幼虫のだ腺細胞には，普通の細胞のＭ期に観察される染色体の100〜150倍くらいのサイズの染色体が観察され，この染色体は**だ腺染色体**(せんせんしょくたい)とよばれています。

だ腺染色体を酢酸カーミンなどで染色すると，多数の縞模様(しまもよう)が見られ，この縞模様の位置が遺伝子の位置に対応すると考えられています。だ腺染色体の所々には膨らんだ部分があり，ここを**パフ**といいます。

puff は「フワッとしたもの」という意味の単語で，化粧用品のパフと同じ語源です。擬態語としても使われますね！
「パフって，パフっとしてます！」

パフを観察する手順を確認しましょう！

手順❶　ユスリカの幼虫をスライドガラスにのせる。
手順❷　幼虫の頭部をピンセットなどで引き抜く。

⇒　ユスリカの幼虫のからだは下の図のような構造をしています。手順❷では，消化管などがついた状態で頭部を引き抜きます。

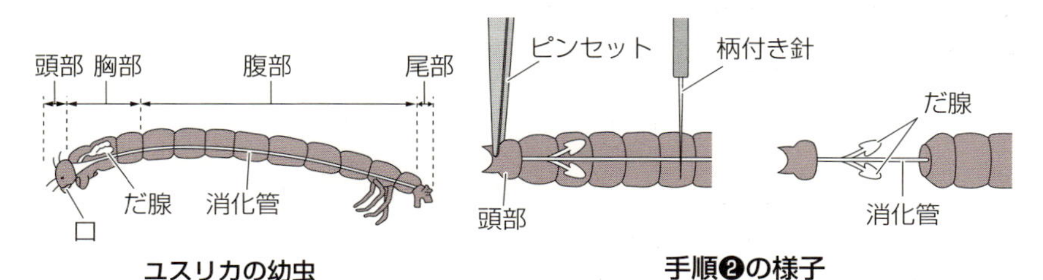

ユスリカの幼虫　　手順❷の様子

手順❸　だ腺のみをスライドガラスに残し，酢酸カーミンや酢酸オルセインなどで染色する。
手順❹　カバーガラスをかけて，ろ紙をのせて押しつぶし，顕微鏡で観察する。

⇒　手順❸での染色液をメチルグリーン(← DNA を青緑色に染色する)とピロニン(← RNA を赤色に染色する)にすると，だ腺染色体全体が青緑色に，パフの部分は赤色に染色されます。よって，パフの部分は活発に転写が行われていることがわかります！

パフの位置には，転写している遺伝子があるということですか？

そのとおり！　どの遺伝子を転写するかは，状況や発生の時期によって変わるので，別の時期の幼虫を用いて観察すれば，パフがある位置が異なる場合があります。

例題 14

だ腺染色体およびだ腺染色体の観察についての記述として最も適当なものを，次の①～④のうちから一つ選べ。

① ハエのだ腺染色体は，ゲノムの全遺伝子を活発に転写して膨らみ，パフを形成する。
② 染色体あたりの横縞の数は，どの染色体でも一定である。
③ それぞれの横縞は，遺伝子の位置に対応する。
④ 酢酸オルセインで染色すると，青緑色の横縞が観察される。

（オリジナル）

各選択肢を吟味していきましょう！

すべての遺伝子を発現しているという状況はありえませんね。細胞ごとに，状況に応じて必要な遺伝子を選択的に発現させているので，①は**誤り**です。

だ腺染色体の横縞（縞模様）は遺伝子の位置に対応するんでしたね！　ということは③が正解ですね。

そのとおりです。染色体ごとに遺伝子の数が異なるので，横縞の数も染色体ごとに異なり，②は**誤り**です。最後に，酢酸オルセインで染色した場合，赤色の横縞が観察されるので，④も**誤り**です。青緑色の横縞が見えるのは何で染色した場合でしたか？

何とかグリーン……，あっ，メチルグリーン！

OK！　だ腺染色体の観察についてはこれで完璧です！

例題14の解答　③

④ DNA の抽出

さまざまな生物の細胞からDNAを取り出す実験について，シッカリと学びましょう！　くり返しになりますが，操作手順の丸暗記ではダメですよ！「何のためにその操作をするのか，何が起きているのか？」を意識しましょう！

高校の授業ではブロッコリーなどを用いて実験することが多いようですね。

手順❶　材料を乳鉢(にゅうばち)に入れてすりつぶす。
手順❷　DNA抽出液（←食塩水と中性洗剤を混ぜたもの）を加えてかき混ぜる。

⇒　中性洗剤によって細胞膜や核膜が壊れます！　そして，DNAが食塩水に溶け出すんです。

手順❸　手順❷の液体をガーゼでろ過する。

⇒　DNAは食塩水に溶けているので，ガーゼを通過できます。邪魔(じゃま)な固形物などは，このプロセスで除去できますね。

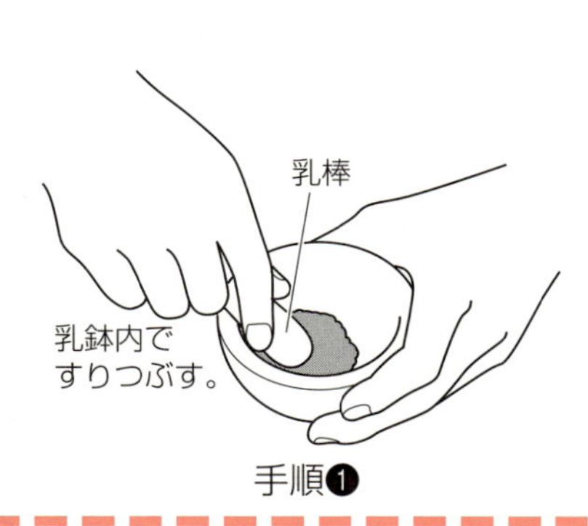

手順❶

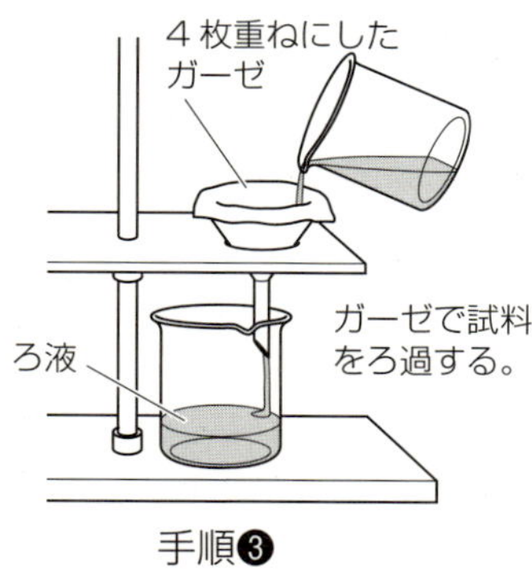

手順❸

手順❹　ろ液に冷やした**エタノール**を静かに注ぎ，析出した白い繊維状の物質をガラス棒などで巻き取る。

⇒　DNAが溶けている食塩水にエタノールを加えるとDNAが溶けていられなくなり，沈殿します。DNAは長～い繊維状の物質なので，この沈殿をガラス棒などに絡めて回収することができます。

例題 15

ブロッコリーの花芽からDNAを抽出する実験を行った。植物細胞の細胞膜の外側は細胞壁に囲まれているので，まず細胞壁を含む構造を破壊するために，花芽を乳鉢に入れ，乳棒を用いてすりつぶした。DNAは，核，葉緑体，ミトコンドリアに含まれている。そこで，これらの膜構造を破壊するために，花芽をすりつぶしたものに中性洗剤を含む食塩水を加えて混ぜ，10分間放置した。この破砕液を4枚重ねのガーゼでろ過し，ろ液に冷やしたエタノールを静かに注いだ。ろ液とエタノールの境界面にDNAが含まれる繊維状の物質が析出した。

問1 DNAを抽出するための材料として適当でないものを，次の①～⑥のうちから一つ選べ。

① ニワトリの卵白　② タマネギの根
③ アスパラガスの若い茎　④ バナナの果実
⑤ ブタの肝臓　⑥ サケの精巣

問2 DNAと遺伝情報に関する記述として最も適当なものを，次の①～④のうちから一つ選べ。

① ブロッコリーの花芽から抽出したDNAがもつ遺伝情報と，同じ個体の葉から抽出したDNAがもつ遺伝情報は一致する。
② ブロッコリーの花芽から抽出したDNAには，ブロッコリーの花芽に存在するタンパク質に関する遺伝情報のみが存在する。
③ ブロッコリーの花芽から抽出したDNAには，ブロッコリーの根のはたらきに関わる遺伝子は含まれない。
④ ブロッコリーの花芽から抽出したDNAの全塩基配列と，同じ個体の花芽から抽出したRNAの全塩基配列は一致する。

（センター試験　本試験・改）

問1 ニワトリの卵白は細胞ではありません。よって，卵白にはDNAがありませんので，卵白からDNAを抽出することはできません。

問2 動物も植物も個体を構成するすべての細胞は基本的に同じDNAをもっていますので，分化した細胞ごとに異なる遺伝子が選択的に発現しているんでしたね。①が**正解**となります。

例題15の解答　**問1**　①　**問2**　①

⑤ ブタの腎臓の観察

ブタの腎臓の観察・実験を学びますよ！

手順❶　腎動脈，腎静脈，輸尿管を確認する。

⇒ 腎動脈の血管壁のほうが腎静脈の血管壁よりも厚いことに注目して腎動脈を探しましょう！

手順❷　注射器を用いて腎動脈に墨汁をゆっくり注入し，腎臓を切開する。

⇒ **皮質**，**髄質**，**腎う** (⇒ p.63) がどの部分なのかを観察することができます。また，皮質と髄質の境目付近に黒い粒状の構造があるので，顕微鏡で観察してみましょう！

黒い粒状の構造って何ですか？

それでは例題に取り組んで考えてみましょう！

例題 16

思　標準 

文中の空欄に入る語として最も適当なものを，下の①～⑤のうちから一つ選べ。

腎臓内部の血管の構造を観察するため，墨汁を腎動脈から注入した。腎臓を縦に切り開いたところ，皮質に，黒色の点が多数みられた。この黒色の点を含む部分の切片をつくり，顕微鏡を用いて観察したところ，右の図のように黒色の球状の構造がみられた。この観察から，黒色の点は［　　］であると判断した。［　　］は，腎動脈中を流れてきた血液から原尿を生成するはたらきに関わっている。

血管
黒色の球状の構造
毛細血管
0.1mm

① 腎う　② 副　腎　③ ボーマンのう　④ 糸球体
⑤ 腎単位(ネフロン)

(センター試験　本試験)

墨汁を含んでいるので，黒色の球状の構造は血管ですね。また，図を見ると黒色の点は細い血管がグシャグシャ～となって集まった部分で，**糸球体**と考えられます。

例題16の解答 ④

❻ 血液の観察

だ…，誰の血液を観察するんですか？

僕の血液！…，ではなく，魚の血液を使いましょう。用意するものは新鮮なアジとかサバといった魚ね。心臓から注射器で採血して，0.4% くらいの食塩水で薄めて，観察してみましょう！　どうですか？？

あれ？　あれれれ？　なんか変よ！　これ赤血球だと思うんだけどなぁ…

よく気づきましたね！　魚類の赤血球には核があります！　実は，赤血球に核がないのは脊椎動物の中の哺乳類だけです。両生類，は虫類，鳥類の赤血球にも核がありますよ。

外液濃度を変えると，赤血球はどう変化すると思いますか？

85 ページで学んだ「体液の塩分濃度と体液量の調節」の考え方が参考になるんじゃないかな？

「あの内容を応用できるんじゃないか？」って考えられることは本当にすばらしいことですよ！　水は濃度の低い液体の側から濃度の高い液体の側に向かって移動するんでしたね。だから，海水魚は体外へ水が出て行ってしまうんでしたね。

ということは，外液の濃度を高くすると，赤血球から外液へと水が出ていくので，赤血球は縮みます（次のページの図）。逆に，外液の濃度を低くすると，赤血球に水が入るので，赤血球は膨らみます。外液濃度がすご～く低い場合には，膨らみ過ぎて破裂してしまいます！　なお，この現象を**溶血**（ようけつ）といいます。

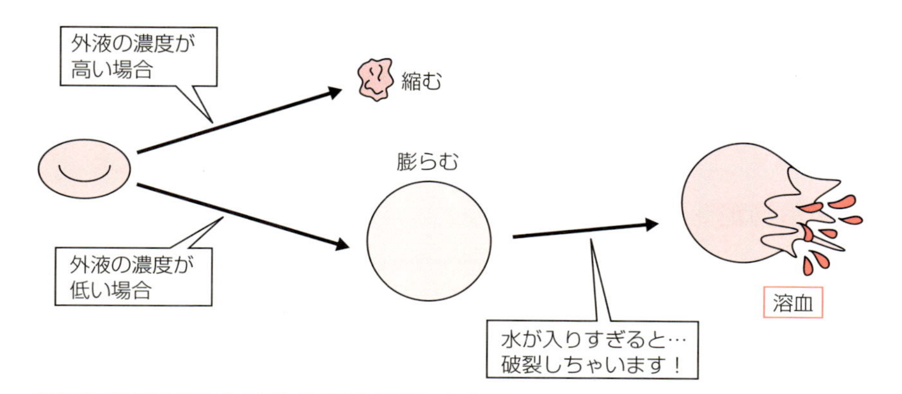

例題 17

思　標準　2分

細胞膜には，膜を隔てて塩類濃度の高い溶液と低い溶液がある場合，塩類濃度の高い溶液の側に水を移動させる性質がある。ヒトの血液から取り出した赤血球を，濃度の異なる食塩水ⓐ〜ⓓに浸し，一定時間後に観察したところ，赤血球は次のような状態を示した。食塩水ⓐ〜ⓓの食塩濃度の値の大小関係を正しく表しているものを，下の①〜⑧のうちから一つ選べ。

食塩水ⓐ　破裂していた。　　食塩水ⓑ　変化していなかった。
食塩水ⓒ　収縮していた。　　食塩水ⓓ　膨張していた。

① ⓐ＞ⓑ＞ⓒ＞ⓓ　② ⓐ＞ⓓ＞ⓑ＞ⓒ　③ ⓑ＞ⓐ＞ⓓ＞ⓒ
④ ⓑ＞ⓒ＞ⓓ＞ⓐ　⑤ ⓒ＞ⓑ＞ⓓ＞ⓐ　⑥ ⓒ＞ⓑ＞ⓐ＞ⓓ
⑦ ⓓ＞ⓑ＞ⓐ＞ⓒ　⑧ ⓓ＞ⓒ＞ⓑ＞ⓐ

（センター試験　本試験）

4つの食塩水の中で，一番濃度が高いのはどれかな？

高濃度の食塩水に入れると，水が細胞外に出て縮むんですね。唯一，細胞が収縮している食塩水ⓒが一番濃度の高い食塩水です！

すばらしいですね。これで選択肢が⑤と⑥に絞れました！

次は，一番濃度の低い食塩水は食塩水ⓐと食塩水ⓓのどちらでしょうか？食塩水ⓐの「破裂していた」というのは「(水が入りすぎて)破裂していた」ということですね。食塩水ⓓの「膨張していた」というのは「(破裂しない程度に水が入って)膨張していた」ということです。

よって，食塩水ⓐに入れた場合のほうがより多くの水が細胞内に入っており，細胞内の液体と食塩水との濃度の差が大きかったと考えられます。よって，最も濃度が低い食塩水は食塩水ⓐと考えられます。

例題17の解答　⑤

❼ 水質調査

「さぁ，水質調査に川に行ってみよう！」という内容です。しかし，現実には，川に足を運んで水質調査って，なかなかできない実験ですよね。

夏休みの自由研究みたいですね！

COD（化学的酸素要求量）を調べることで，水の汚れのレベルを知ることができます。COD というのは，「水中に存在する有機物を化学的に酸化させるために必要な酸素量」と表現され，COD が高いほど水中の有機物量が多く，水が汚れているということになります。

水の汚れのレベルは，COD のような化学的な指標だけでなく，生息している生物から知ることもできます。例えば，サワガニやカワゲラはきれいな水でないと生息できません。これらの生物が生息していれば，その水はきれいな水だと判断できます。環境条件を知る手がかりとなる生物を**指標生物**（しひょう）といいます。

例題 18

水の汚染の程度を表す用語として COD がよく使われる。COD は化学的酸素要求量とよばれ，試料に含まれる有機物を化学的に酸化する際に必要となる酸素量を表している。ある水の COD が高いということはどういうことか。最も適当なものを，次の①～④のうちから一つ選べ。

① その水の溶存酸素量が多い。　② その水の透明度が高い。
③ その水の有機物量が多い。　④ その水にいる微生物が多い。

（オリジナル）

これは，知識を確認する問題です。COD が高いということは，水中に存在する有機物量が多いということ，つまり，水が汚いということでしたね。

例題18の解答 

データを解釈し，仮説を設計し，検証する！

実践的な問題を使いながら，共通テストで求められる学力（**思考力・判断力・表現力**）を伸ばしていきましょう！

グラフの問題は難しいイメージがありますが…，

じゃあ，グラフ問題の対策から始めよう！　さて，グラフが出てきたら最初に何をしますか？

グラフの形を見て……，

もちろん，グラフの形も重要です。でも，絶対に意識してほしいのは**「縦軸と横軸の意味を分析すること」**です。そして，グラフの形を分析したり，重要な点を発見したり…，と作業を進めます。軸の意味を間違えているとそれ以降の作業がすべて無意味になっちゃいますからね。「脳トレ」だと思って次の例題を考えてみましょう！

例題 19　思　標準　2分

ある植物Ｘについて，4月上旬から時期をずらして種をまき，温度を一定に保った野外の温室で育て，芽が出てから開花までの日数を調べた。その結果が右の図である。なお，種をまいた時期に関わらず，種をまいた30日後に発芽したものとする。

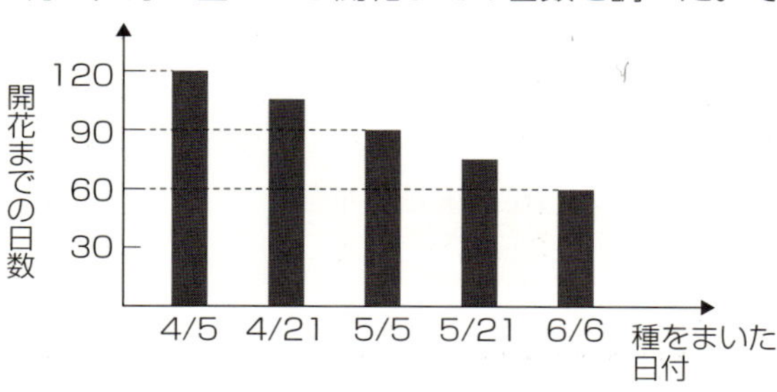

この実験結果に関する記述として最も適当なものを，次の①～④のうちから一つ選べ。

① 芽が出てから開花までの日数は，芽が出た時期によらず一定である。

② 開花した時期は，芽が出た時期によらず一定である。

③ 芽が出た時期が遅くなるほど，開花率が低下する。

④ 芽が出た時期が遅くなるほど，成長速度が小さくなる。

（オリジナル）

「棒グラフの長さが短くなっていく！」じゃなくて，軸の意味の分析ですね！

そのとおり！　軸の意味の分析っていうのがポイントで，単に軸の意味のチェックではありません。

さて，縦軸の意味をどのように解釈しますか？　グラフを見て「…で，このグラフはどういうことを表しているの？？？」となったら，グラフを自分でかき換えてみたり，軸の意味を言い換えてみたりする必要があります。

本問の実験の様子を下のような図にしてみましょう！　図中の●は芽が出た時期，❀は開花した時期です。

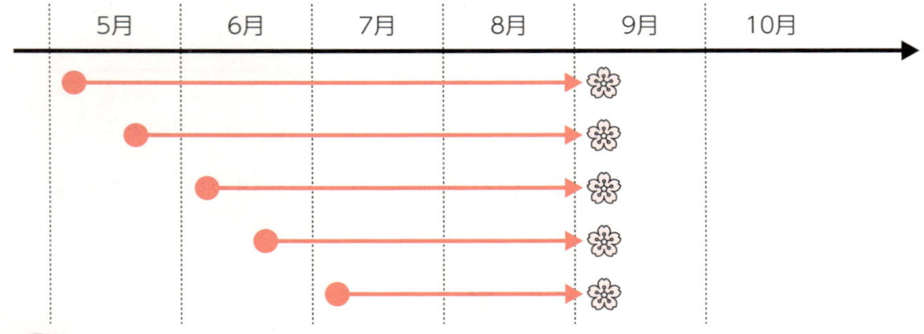

何がわかりましたか？

開花時期は全部同じです！

そのとおりです。グラフを解釈する際に，グラフをそのままの形で理解できる場合はラッキーです。現実には，さまざまな作業をしながらグラフを解釈し

ていく必要があるんだということを納得していただけましたね。

読めば解ける問題ですので，「脳トレ」として取り組んでもらいました！

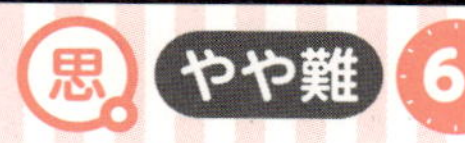

それでは，しばらくグラフの解釈を中心とした問題を続けます。がんばりましょう！

例題 20

思　やや難　6分

地球上における各バイオームの分布は，年平均気温と年降水量に密接な関係がある。次の図は，年平均気温，年降水量，および生産者による地表の単位面積あたりの年平均有機物生産量の関係をバイオーム別に示したものである。

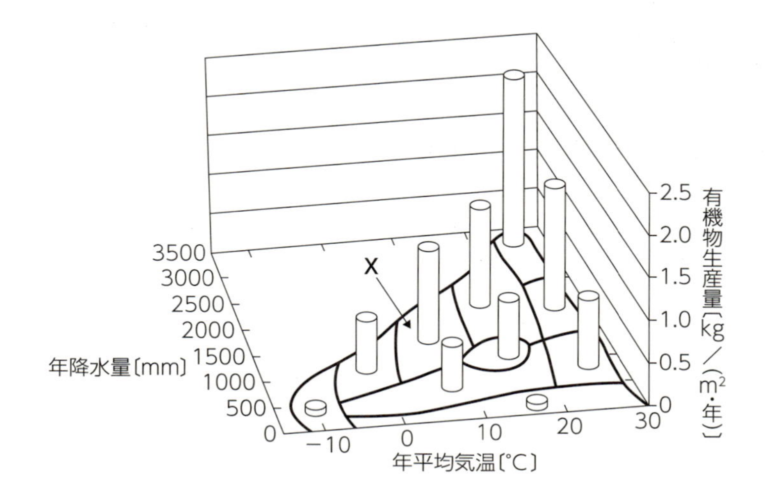

問1　図に関する記述として適当なものを，次の①～⑦のうちから二つ選べ。

① 異なるバイオーム間で年平均気温がほぼ同じ場合，年降水量が少ないほど有機物生産量は大きくなる。

② 異なるバイオーム間で年平均気温がほぼ同じ場合，年降水量が少ないほど有機物生産量は小さくなる。

第6章　「考察力」をアップするスペシャル講義

③　異なるバイオーム間で年平均気温がほぼ同じ場合，年降水量と無関係に有機物生産量は一定となる。
④　サバンナの有機物生産量は，ツンドラのものよりも小さい。
⑤　砂漠の有機物生産量は，針葉樹林のものよりも大きい。
⑥　照葉樹林の有機物生産量は，硬葉樹林のものよりも小さい。
⑦　雨緑樹林の有機物生産量は，硬葉樹林のものよりも大きい。

問2　図のXで示したバイオームが**分布していない**地域として最も適当なものを，次の①～⑥のうちから一つ選べ。
①　北海道　②　関東　③　中部　④　四国　⑤　九州
⑥　沖縄

問3　窒素が含まれる有機物が土壌に供給されると，窒素は主に土壌微生物のはたらきで無機物となる。無機物となった窒素は生産者に吸収されて再び有機物となる。このとき，生産された有機物に含まれる窒素の重量比が0.7%だったとき，熱帯・亜熱帯多雨林で生産者の吸収する窒素量は，年間で1平方メートルあたり何グラム〔g〕になるか。図から推定される数値として最も適当なものを，次の①～⑤のうちから一つ選べ。
①　1g　②　6g　③　9g　④　15g　⑤　22g

（共通テスト　試行調査）

何だかすごいグラフですけど，棒グラフの軸が目新しいだけですよね！

そうそう！　年平均気温と年降水量の関係については教科書に載ってますね。有機物生産量については，例えば「熱帯多雨林は有機物生産量が多い」ということは読み取れますね？

問1　①～③については，年平均気温がほぼ等しいバイオームどうしで有機物生産量を比べればOKですね。「熱帯・亜熱帯多雨林＞雨緑樹林＞サバンナ＞砂漠」というように分析すると，年降水量が少ないほど有機物生産量が小さくなっていることが読み取れます。
④～⑦については，該当するバイオームどうしで棒グラフの長さを比

べるだけです！　雨緑樹林のほうが硬葉樹林よりも棒グラフが長いですよね。

問2　Xは**夏緑樹林**です。北海道も南部は夏緑樹林ですよね。

九州や沖縄は暖かいし…，夏緑樹林ありますか？

「平野部で」とは言っていませんね。標高が高い地域でもいいんですよ！

ということで，九州では標高の高い阿蘇山(あそさん)や，屋久島(やくしま)の宮之浦岳(みやのうらだけ)…，には夏緑樹林がありますよね。沖縄もすごく標高の高い山があれば夏緑樹林が成立しますが，実際には高い山がありませんからね。ということで，沖縄には夏緑樹林は分布していません。

問3

目盛りがチャンと読めないです。…困った。

そうだよね，読めないね。…ということは，正確に読めなくても正解が選べるということでしょ！　選択肢を見てみましょう！

熱帯・亜熱帯多雨林の有機物生産量が2.1kg/m^2なのか2.05kg/m^2なのかということは気にせず「2.0よりちょっと多い♪」という程度でOKです。ちなみに，2.0kg/m^2＝2000g/m^2です。生産された有機物に含まれる窒素の重量比が0.7％ということは，1年間に1m^2あたりで吸収される窒素は，有機物生産量が2.0kg/m^2だとすると，$2000\times\frac{0.7}{100}=$ 14g/m^2です。でも，実際はこれより，チョット多いですから，④しかないですよね！

正確に読めないグラフのデータで計算する問題，割り切れない割り算などの面倒な計算を必要とする問題などに出くわしたら…「大雑把に計算して，正解の選択肢を選べないかな？」という気持ちで，問題を眺めてみましょう！

例題20の解答　**問1**　②，⑦　　**問2**　⑥　　**問3**　④

それでは，しばらく「目新しいグラフ」が登場する問題に取り組んでいきましょう！

例題 21

標準 2分

右の図は，ある草原で単位面積あたりのヤチネズミの捕獲個体数を20年以上にわたって調べたものである。このようにヤチネズミの個体数が変動しながらも長期間でみると一定の範囲内に保たれた原因として**考えられないもの**を，次の①～⑥のうちから一つ選べ。

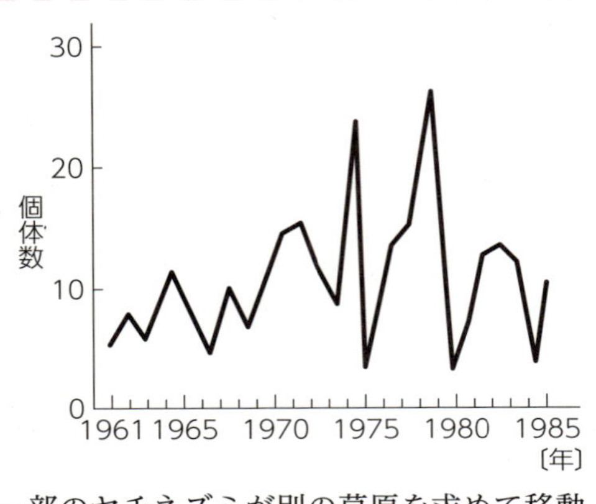

① ヤチネズミが増えると，一部のヤチネズミが別の草原を求めて移動した。

② ヤチネズミが増えると，捕食者であるワシやタカの個体数が増えた。

③ ヤチネズミが増えると，ヤチネズミの子が病気などで死亡する率が高まった。

④ ヤチネズミが減ると，ヤチネズミの主な食物であるカヤツリグサが増えた。

⑤ ヤチネズミが減ると，別種のネズミが侵入してヤチネズミの資源を消費した。

⑥ ヤチネズミが減ると，個体あたりの資源が増加し，出生率が高まった。

（センター試験　本試験）

理由として**考えられないもの**を選ぶんですよ！　注意しましょう！

個体数が変動しながらも長期間でみると一定の範囲内に保たれるということは…，個体数が増加したら個体数が減少し，個体数が減少したら個体数が増加しているということですね。

負のフィードバック調節みたいなイメージですか？

おぉ，確かにそういうイメージだね！

①を見てみよう！　個体数が増えたら調査している草原から出て行ってしまうので，この草原の個体数は減る…，あり得る仮説だね。

②や③も個体数が増えたときに，個体数が減るという仮説なので，あり得る仮説です。

これとは逆に，④と⑥は個体数が減ったときに個体数が増えるという仮説なので，これらもあり得る仮説。⑤は個体数が減ったときに，別種のネズミによって資源が減少してしまっており，さらなる個体数の減少が起きてしまうという仮説なので，これはあり得ない仮説です。

例題21の解答　⑤

例題 22　思　難　4分

光強度が光合成に与える影響を調べるために，次の実験を行った。

実験　ある樹木Xの陽葉を大気中で20℃に保温し，照射する光の強さを変えて葉の面積あたりの酸素放出量の時間的な変化を調べた(右の図)。ただし，酸素放出量は，光照射開始後に放出された酸素量である。7段階の光の強さは，光強度0(暗黒)，25，100，200，500，1000，および1500という相対値で示した。なお，樹木Xの陽葉の呼吸速度は光の強さによらず一定であるものとする。

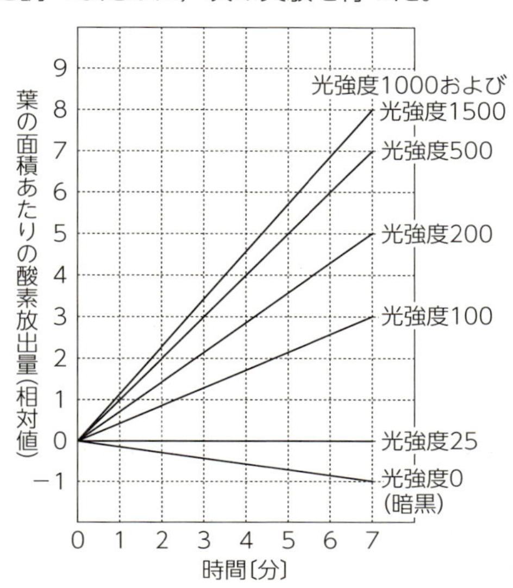

第6章　「考察力」をアップするスペシャル講義

実験結果が示す酸素放出速度（酸素放出量の時間的な変化）は，光合成による酸素放出速度と呼吸による酸素消費速度の差し引きであり「見かけの光合成速度」とよばれる。これに対して，植物が実際に行っている光合成による酸素放出速度は「真の光合成速度」とよばれる。実験結果から考えられる樹木Xの陽葉に関する記述として最も適当なものを，次の①～④のうちから一つ選べ。

① 光強度100のときの見かけの光合成速度は，光強度25のときの見かけの光合成速度の4倍である。
② 光強度200のときの見かけの光合成速度は，光強度100のときの見かけの光合成速度の2倍である。
③ 光強度500のときの真の光合成速度は，光強度100のときの真の光合成速度の2倍である。
④ 光強度1000のときの真の光合成速度は，光強度25のときの真の光合成速度の8倍である。

（センター試験　本試験）

グラフがたくさんある（涙）　しかも見たことのないグラフ…

見たことがないグラフでも，よ～く見ると「見たことのある単語」「見たことのある軸」などがある場合があります。そもそも，このグラフは光強度が光合成に与える影響を調べた結果ですね。

もしかして103ページのグラフと何か関係があるのかな？

すばらしい！「あのグラフと関係あるのかなぁ～？」という発想は非常に重要です！　では，103ページのグラフを踏まえて，光強度と7分間における（差し引きの）酸素放出量との関係のグラフを描いてみましょう。

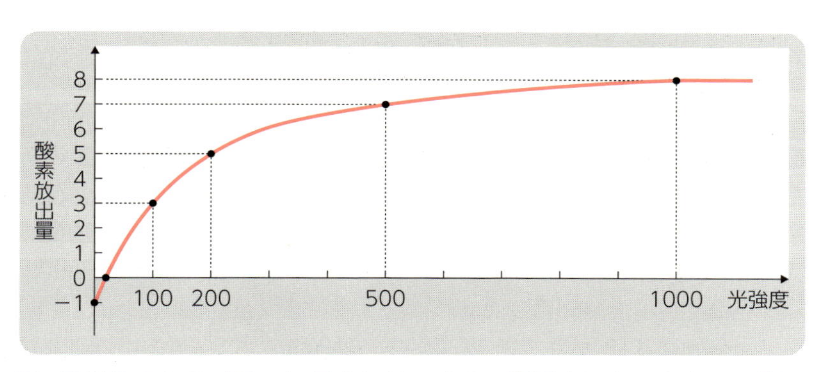

急に見覚えのあるグラフに早変わりです！　設問文にあるとおり，「見かけの光合成速度」は差し引きでの酸素放出量ですから，このグラフの目盛りをそのまま読めばOK。

「見かけの光合成速度」について，光強度25では0，光強度100では3，光強度200では5ですので，①も②も**誤り**です。「見かけの光合成速度」は「真の光合成速度」から「呼吸速度」の分を差し引いたものですので…**見かけの光合成速度＝真の光合成速度−呼吸速度**という関係が成立しています。光強度0で呼吸のみを行っているデータより，呼吸速度は1ですので，「真の光合成速度」について，光強度25では0＋1＝1，光強度100では3＋1＝4，光強度500では7＋1＝8，光強度1000では8＋1＝9となります。よって，③が**正しい**記述です。

例題22の解答　③

例題 23

易　1分

ヒトが同一の病原体にくり返し感染した場合に産生する抗体の量の変化を表すグラフとして最も適当なものを，次の①〜⑥のうちから一つ選べ。ただし，最初の感染日を0日目とし，同じ病原体が2回目に感染した時期を矢印で示している。

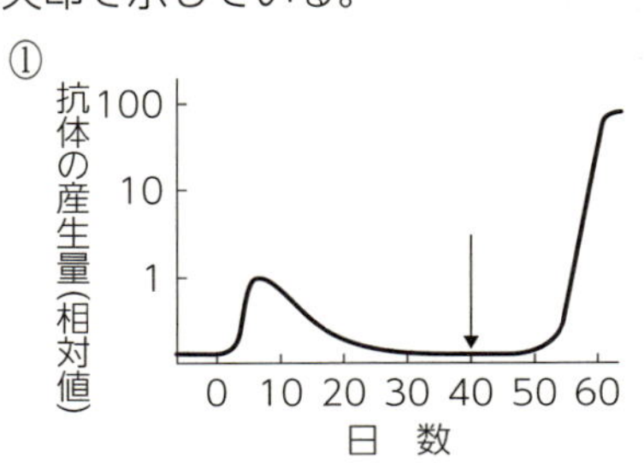

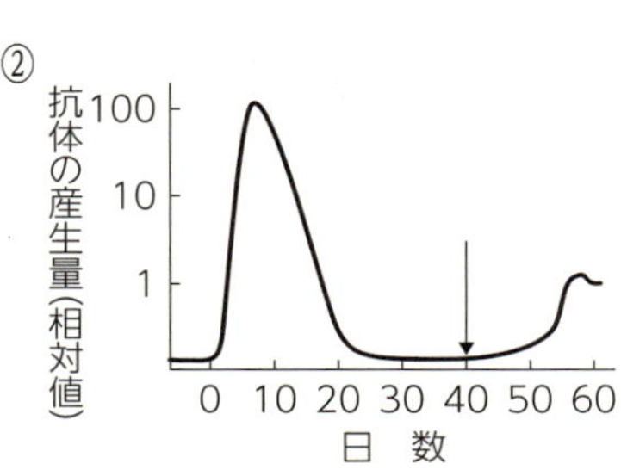

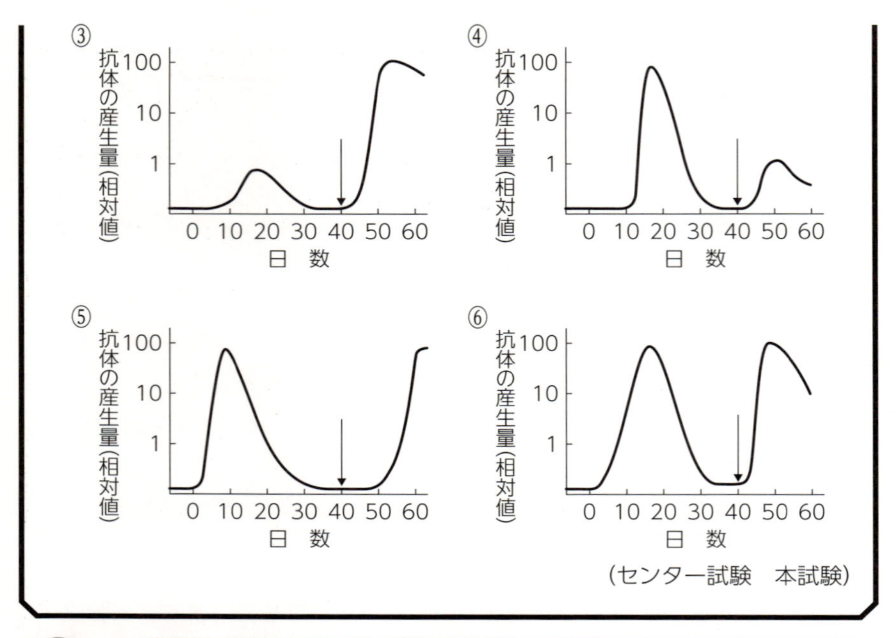

これは教科書に載っているグラフをそのまま問うている基本問題です！

同じ抗原が再度侵入したときは，1度目よりも早く多くの抗体をつくることができます！

そのとおりです。ということで，「早く」と「多く」の両方を満たすグラフは…，③ですね。

例題23の解答　③

例題 24

思　やや難　2分

ハブに咬(か)まれた直後にハブ毒素に対する抗体を含む血清を注射した患者に，40日後にもう一度同じ血清を注射したと仮定する。このとき，ハブ毒素に対してこの患者が産生する抗体の量の変化を示すグラフとして最も適当なものを，次の①～⑥のうちから一つ選べ。

①
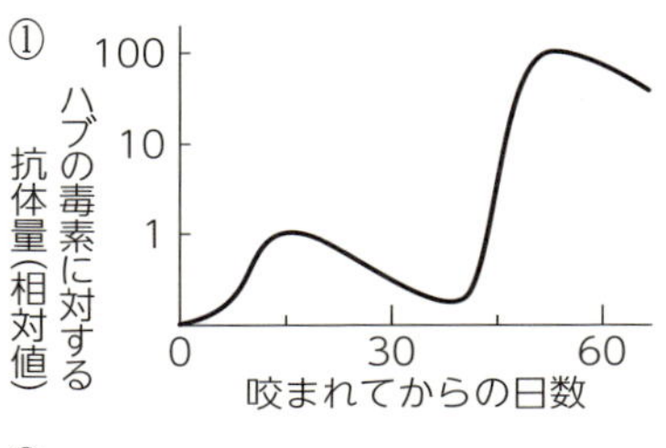

②
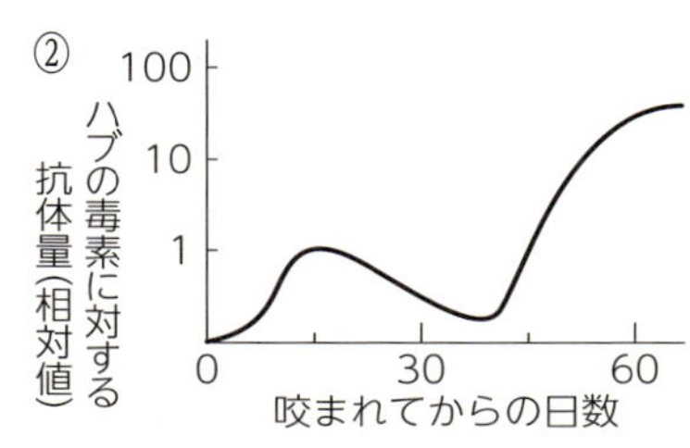

③
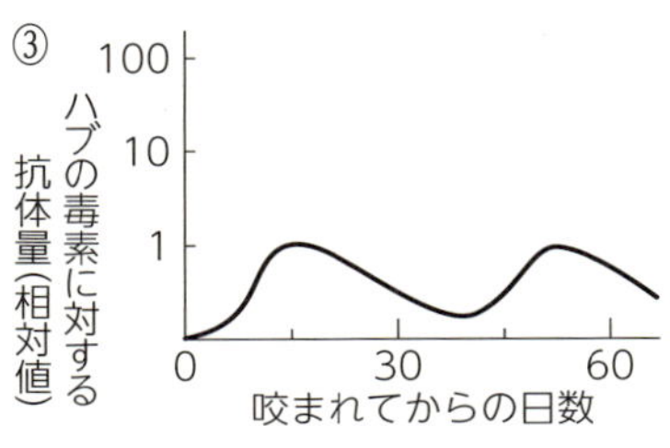

④
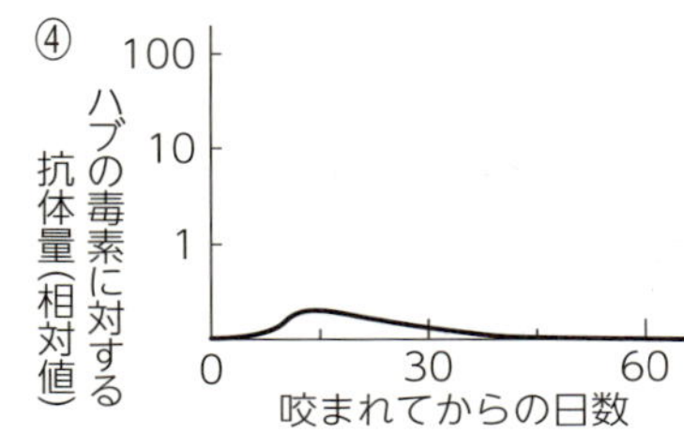

⑤
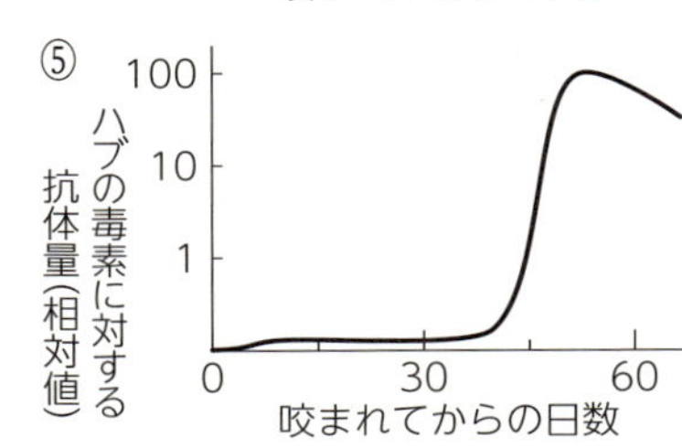

⑥
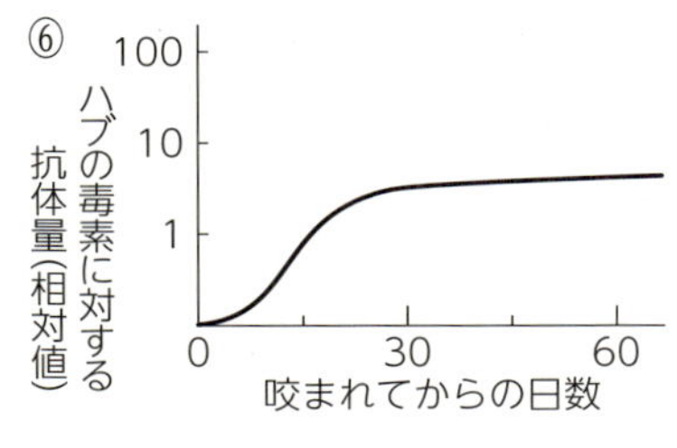

(共通テスト　試行調査)

例題 23 と同じ問題ですか？　じゃあ①ですね！

「…間違うだろうなぁ～」と思いました。この問題，正答率が10% にも満たなかった問題です。ほとんどの受験生が①を選んでしまったんですよ！

がーーーーーん！

軸の意味を確認しなきゃ！

この患者さんは，ハブに咬まれた直後に血清を注射されたんですよね？　そして，この血清に含まれていた抗体でハブ毒素を処理したんです。問題は，「患者が産生する抗体量」ですが，この患者さんは自分で産生した抗体によってハブ毒素を処理したわけではないんです！　よって，ハブに咬まれた直後，抗体がほとんど産生されていないグラフを選びます。

あぁ，わかってきた…。何かものすごく悔しい…

そして，ハブに咬まれてから40日のタイミングで「もう一度血清を注射した」んです！　もう一度ハブに咬まれたのではありません!!　ですから，ここではハブ毒素に対する抗体は産生されません。結局，この実験を通して，患者さんはハブ毒素に対する抗体をほとんど産生しないんです！　かなり，注意深く読んで，グラフの軸の意味を確認しないと，何となく雰囲気で①を選んでしまいます。ちょっと意地悪な問題ではありますが，今後に活かしてください！

例題24の解答　④

24 計算問題を攻略しよう！

グラフを読み取る訓練はだいぶできるようになりましたね。
では，計算問題を中心にさらに演習を進めていきましょう♪

共通テストに対して，次のような作問方針が大学入試センターから発表されています（2019年6月7日）。

> 日常生活や社会との関連を考慮し，科学的な事物・現象に関する基本的な概念や原理・法則などの理解と，それらを活用して科学的に探究を進める過程についての理解などを重視する。問題の作成に当たっては，身近な課題等について科学的に探究する問題や，得られたデータを整理する過程などにおいて**数学的な手法を用いる問題**などを含めて検討する。

「数学的な手法を用いる問題を出したいなぁ～」ということですね。定番の計算問題は第５章までで解説していますが，試験会場で計算方針を立てて解く必要のある問題を中心に演習してみましょう。

例題 25

標準

次の文章中の ☐ に入る数値として最も適当なものを，下の①～⑥のうちから一つ選べ。

あるmRNAの塩基組成を調べると，このRNAを構成する全塩基に占めるシトシンの数の比率は15％であることがわかった。また，このRNAのもととなった遺伝子の2本鎖DNAの塩基組成を調べると，その2本鎖DNAを構成する全塩基に占めるシトシンの数の比率は24％であることがわかった。このとき，このRNAを構成するグアニンの数の比率は ☐ ％である。

①　12　　②　15　　③　24　　④　26　　⑤　33　　⑥　36

（センター試験　本試験）

シャルガフの規則を使うことはわかりますが，一筋縄（ひとすじなわ）ではいかない感じですね。

この問題のポイントは，ズバリ…「**図を描きながら計算する！**」です。

下の図は，遺伝子を転写してmRNAをつくる様子を描いたものです。

まずは，シャルガフの規則です！　2本鎖DNAにおけるCの比率が24%ということは，Gも24%，AとTはともに26%ですね。そして，mRNAの塩基の15%がC(図の❶)という情報が与えられています。このことから，何がわかりますか？　下の図を眺めながら考えてみましょう。

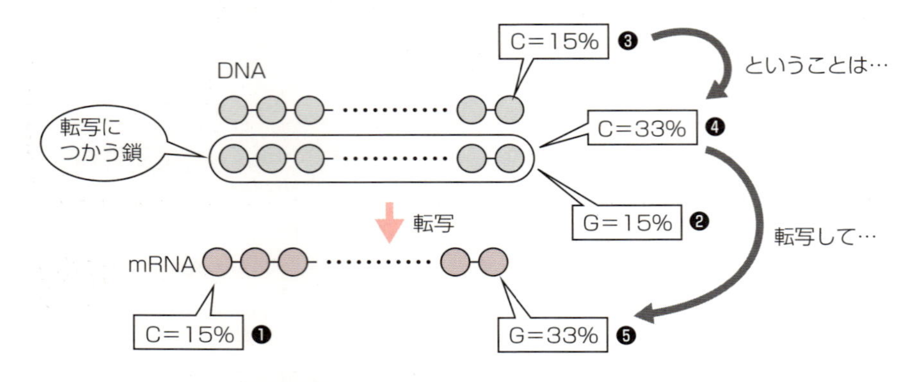

転写につかう鎖のGに対して，mRNAのCですから…
転写につかう鎖のGの比率も15%です(図の❷)！

さらに転写につかわない鎖のCの比率も15%とわかりますね(図の❸)。32ページの「チェック問題」の解説をもう一度読むと，ここから先の道筋が見えてくると思うよ！

DNAの2本鎖全体におけるCの比率は24%ですが，これは転写につかう鎖とつかわない鎖の平均値になりますね。ですから，転写につかう鎖におけるCの比率をxとすると，$x+15=24\times2$より$x=33$%です(図の❹)！　この33%を出せるかどうかがポイントです!!　ということで，この鎖を転写してつくられたmRNAにおけるGの比率は33%となります(図の❺)。

例題25の解答　⑤

例題 26

思　標準　4分

文中の空欄に入る数値の組合せとして最も適当なものを，次のページの①～⑧のうちから一つ選べ。

ヒトのゲノムは約30億塩基対からなっている。タンパク質のアミノ酸配列を指定する部分(以後，翻訳領域とよぶ)は，ゲノム全体のわずか1.5

%程度と推定されているので，ヒトのゲノム中の個々の遺伝子の翻訳領域の長さは，平均して約 ア 塩基対だと考えられる。また，ゲノム中では平均して約 イ 塩基対ごとに一つの遺伝子(翻訳領域)があることになり，ゲノム上では遺伝子としてはたらく部分はとびとびにしか存在していないことになる。

	ア	イ		ア	イ
①	2千	15万	②	2千	30万
③	4千	15万	④	4千	30万
⑤	2万	150万	⑥	2万	300万
⑦	4万	150万	⑧	4万	300万

(センター試験　本試験)

いやっ (>. <) これは難しいですね…

確かに，この問題は「すごく難しく見える問題」です。
特に イ が難しく見えるよね！

まずはコツコツと，できる作業から進めていきましょう。

ヒトのゲノムは30億塩基対からなり，その1.5%がアミノ酸配列を指定しているんですね。ということは，アミノ酸配列を指定している領域は何塩基対ということになりますか？

30億塩基対 × $\frac{1.5}{100}$ = 4500万塩基対ですね♪

正解！　計算方針が立たなくても，ひとまず問題に与えられた数値で何かを計算してみることが大事です。

そして，個々の遺伝子は何塩基対なのかを求める必要があります。問題中の数値だけではどうにもならないですね。そんなときは，教科書の中で紹介された重要な数値を使う可能性を疑いましょう！　ヒトのからだの細胞には染色体が46本，血糖濃度の正常値は0.1%，肝小葉には肝細胞が約50万個，mRNAの3塩基で1つのアミノ酸を指定する…さぁ，他にもたくさん重要な数値がありました…さぁ！　ほれっ！

ヒトの遺伝子の数は約20500個でしたね(⇒ p.35)。約20500個の遺伝子の合計が4500万塩基対です。1個の遺伝子は約何塩基対…？

4500万塩基対÷22000個で求まりますね♪

うんうん，その計算方針だね。でも，よ～く選択肢を見てみよう。そんなに正確に計算する必要あるかな？　計算問題は正しい式をつくれれば，基本的に暗算で解けます。つまり…20500ではなく，約20000で計算しても選択肢の吟味は可能。4500万÷20000＝2250塩基対で，実際はこれより，もうちょっと小さい値になる！　よって，［ア］には「2千」が入ります。

30億塩基対もあるDNAに，約2000塩基対の遺伝子があるんですよ。遺伝子なんて「点」みたいなものでしょ？　つまり，30億塩基対のDNAに点が約20500個あるイメージです（下の図）。「**図を描きながら計算する！**」がポイントでしたね。

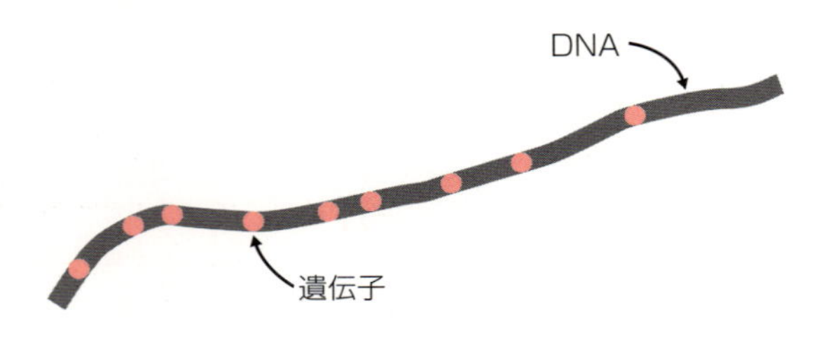

そうすると，遺伝子（←上の図中の点）は平均すると何塩基対ごとにあることになりますか？

30億÷22000で求められますけど…。大雑把に計算すればOKですね。

そのとおり。30億÷20000＝15万ですから，約15万塩基対ごとに1つの遺伝子があることになりますね。

例題26の解答　

共通テストでは「データを整理する過程などにおいて数学的な手法を用いる問題」が出題されます。
足し算したり，掛け算したり，確率を求めたり…，
ちょっと，計算させられる覚悟をもっておきましょうね。

例題 27

標準 

次の文中の空欄に入る数値として最も適当なものを，下の①～⑦のうちから一つずつ選べ。ただし，同じものをくり返し選んでもよい。

DNA の塩基配列は，RNA に転写され，塩基三つの並びが一つのアミノ酸を指定する。例えば，トリプトファンとセリンというアミノ酸は，次の表の塩基三つの並びによって指定される。任意の塩基三つの並びがトリプトファンを指定する確率は［ア］分の1であり，セリンを指定する確率はトリプトファンを指定する確率の［イ］倍と推定される。

塩基三つの並び			アミノ酸
UGG			トリプトファン
UCA UCU	UCG AGC	UCC AGU	セリン

① 4　② 6　③ 8　④ 16　⑤ 20　⑥ 32　⑦ 64

（共通テスト　試行調査）

嫌がらずに「数学的手法」はドンドン使いましょう！

mRNA に含まれる塩基は A，U，G，C の4種類です。ということは，「塩基三つの並び」は何通りありますか？

4 × 4 × 4 = 64 通りですね。

では，任意の塩基三つの並びが偶然に「UGG」である確率は？

64 通りのうちの 1 つですから $\frac{1}{64}$ です。

OK，これが［ア］の解答です。では，任意の塩基三つの並びが偶然にセリンを指定するコドンのどれかになる確率は…？

64 通りのうちの 6 つですから $\frac{6}{64}$ です！

ということで，任意の塩基三つの並びがセリンを指定する確率はトリプトファンを指定する確率の6倍となります。

例題27の解答　ア ⑦　イ ②

読解要素の強い考察問題

計算やグラフを使った問題の対策をゴリゴリとやってきました。ここからは**読解の要素が強い考察問題**の対策をしていきましょう。

例題 28

ワモンゴキブリ（以下「ゴキブリ」という。）は，触角による匂いの感覚と口による味の感覚の２つを結び付ける学習と記憶の能力をもっている。この能力を調べる目的で，以下の行動観察実験を行った。行動の違いを量的にとらえる方法として，ゴキブリが２つの異なる匂いのそれぞれに留まる時間の長さを測り，その違いに着目した。

実験１　バニラの匂いもペパーミントの匂いも経験したことのないゴキブリを，１匹ずつバニラとペパーミントの２つの匂い源を置いた測定場に放し，個体ごとにペパーミントの匂い源を訪問していた時間の長さ(Tp)とバニラの匂い源を訪問していた時間の長さ(Tv)を測った。ペパーミントの匂いに引きつけられる度合い(誘引率)を，誘引率〔%〕$= \frac{Tp}{Tp + Tv} \times 100$で表して，図1のａを得た。図の横軸は誘引率，縦軸は誘引率10%ごとの区間に入った個体数を示してある。

実験２　ペパーミントの匂い源のそばに砂糖水を，バニラの匂い源のそばに食塩水を置いて，ゴキブリに1回だけ味を経験させ，1週間後に実験１と同じように２つの匂い源のみを与えて誘引率を測定したところ，図1のｂが得られた。

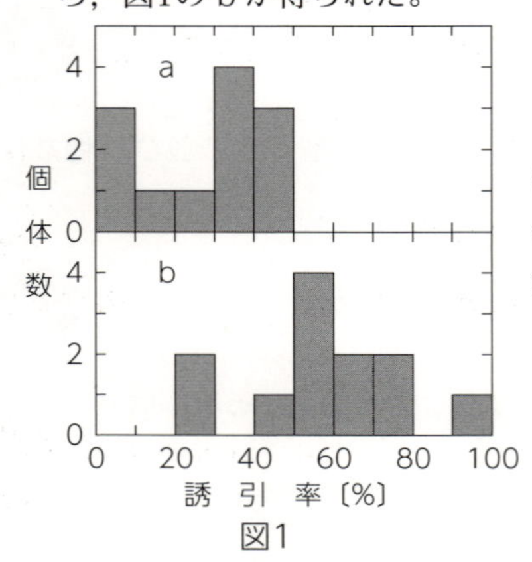

図1

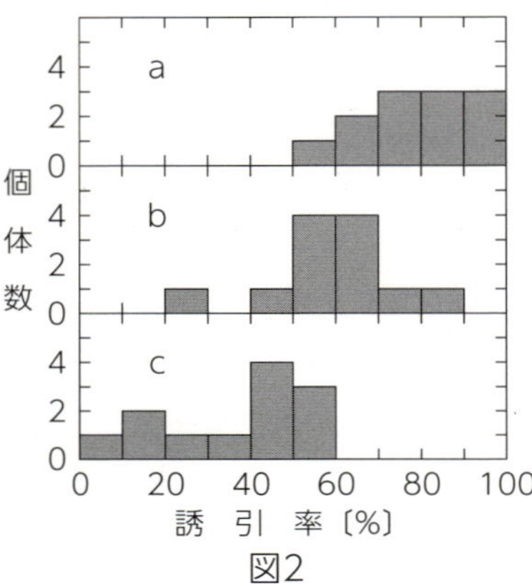

図2

実験3　実験２と同じ訓練を1日1回，3日間続け，1週間後に誘引率を測ると図2のａが得られた。その後，バニラの匂い源のそばに砂糖水を，ペパーミントの匂い源のそばに食塩水を置いて1回だけ味を経験させる「逆訓練」を行って，1日後に誘引率を測ると図2のｂが得られた。この「逆訓練」を1日1回3日間続けたところ，図2のｃが得られた。

図1と図2に関する記述として最も適当なものを，次の①～④のうちから一つ選べ。

①　図1のａでは，ペパーミントの匂い源を訪れたゴキブリはいない。
②　図1のｂでは，すべての個体がペパーミントの匂い源を訪れている。
③　図2より，たった1回の味の経験では，半数以上の個体は誘引率を変化させないことがわかる。
④　図2のｂでは，バニラよりペパーミントの匂い源をより長く訪れたゴキブリは半数以下である。

（センター試験　本試験・改）

これも読めば解ける問題ですので，読解の訓練をするための問題として掲載しました。

実験としては下の図のようなイメージになります。

測定したのは，匂い源を訪問していた時間のうちで，ペパーミントの匂い源に訪問していた時間の割合（誘引率）ですので，誘引率が大きいということはペパーミントの匂い源により長い時間滞在したということですね。図1のａから何がわかるんでしょうか？

みんな誘引率が 50% 以下！
ゴキブリはバニラの匂いのほうが好きなんだと思います。

読み取りとしては正しいよ！　じゃあ，ペパーミントの匂い源を訪れたゴキブリは何匹いるかな？

「ペパーミントの匂い源を訪れている時間のほうが短い」という情報がいつの間にか「ペパーミントの匂い源を訪れない」と情報変換されてしまうことがあるようです。**「多い or 少ない」は「100% or 0%」ではありません！**

誘引率10% であっても，10% の時間はペパーミントの匂い源を訪れているわけですよ。このことを理解できればこの問題は解けます♪　それでは，各選択肢を吟味してみましょう。

図1の a の誘引率10% 以下の3匹を仮に誘引率0% だとしても，全12匹中9匹は絶対にペパーミントの匂い源を訪れているので，①は**誤り**です！　同様に考えると，図1の b の場合，全個体が多かれ少なかれペパーミントの匂い源を訪れているので，②が**正しい**記述となります。

図2の a と b を比較して…，図2の b で誘引率が20～30% の1匹，40~50% の1匹，さらに50～60% の3匹，60～70% の2匹の合計7匹は，少なくとも図2の a の状態から誘引率を変えていますので，③も**誤り**となります。

さらに，図2b では10匹がペパーミントのにおい源をより長く訪れており，④も**誤り**です。

例題28の解答　②

本当はバニラの匂いのほうが好きなんだけど…，
さっきペパーミントの匂い源に砂糖があったしなぁ…，
次もペパーミントの匂い源に行ってみようかな～

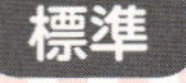

カサカサカサ……

例題 29

思　標準　3分

ヒトの皮膚や消化管などの上皮は，外界からの菌などの異物の侵入を物理的・化学的に防いでいるが，その防御が破られると体内に異物が侵入する。樹状細胞などがその侵入した異物を分解し，ヘルパー T 細胞に抗原情報として伝えると，適応免疫(獲得免疫)がはたらく。抗原の情報を受け取ったヘルパー T 細胞は，同じ抗原を認識するキラー T 細胞を刺激して増殖させる。自分とは異なる MHC 抗原 * をもつ他人の皮膚が移植されると，キラー T 細胞がその皮膚を非自己と認識して排除し，移植された皮膚は脱落する。

*MHC 抗原：細胞の表面に存在する個体に固有なタンパク質で，自身のものでない MHC 抗原をもつ細胞は非自己として認識される。

下線部に関連して，MHC 抗原が異なる３匹のマウスＸ，Ｙ，およびＺを用いて皮膚移植の実験計画を立てた。マウスＸとＹには生まれつきＴ細胞が存在せず，マウスＺにはＴ細胞が存在する。また，マウスもヒトと同様の細胞性免疫機構によって，非自己を認識して排除することが知られている。これらのことから，予想される実験結果に関する記述として最も適当なものを，次の①～④のうちから一つ選べ。

① マウスＸの皮膚をマウスＹに移植すると，拒絶反応により脱落する。
② マウスＹの皮膚をマウスＺに移植すると，拒絶反応により脱落する。
③ マウスＺの皮膚をマウスＸに移植すると，拒絶反応により脱落する。
④ マウスＺの皮膚をマウスＺに移植すると，拒絶反応により脱落する。

（センター試験　追試験）

知らない用語にビビッてはいけない！　必ず何とかなる！

この問題のルールは「自分と異なる MHC 抗原をもつ個体の皮膚が移植されると拒絶する」ということですね。

マウスＸ，Ｙ，Ｚはみんな異なる MHC 抗原をもつので，皮膚移植をすると拒絶反応が起こりますね！

条件はよ～く読もう！ マウスＸとＹはＴ細胞をもたないんですよ！　ということは，これらのマウスに他個体の皮膚を移植しても拒絶反応をすることはできません。つまり，①と③は問答無用の**誤り**文章です！

次に④をよ～く読んでみてください！　マウスＺにマウスＺの皮膚を移植している。移植した皮膚は自分の皮膚です。ということは，拒絶反応は起こらないので，④も**誤り**ですね。マウスＺはＴ細胞をもっているので，自分と異なる MHC 抗原をもつマウスＹの皮膚を移植されると，拒絶反応が起こります。

例題29の解答　②

例題 30

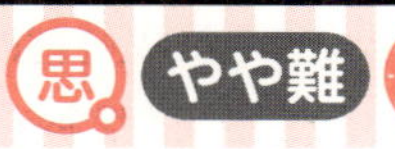

動物の細胞は体外にとり出して培養することができる。一般に，正常な動物細胞を培養する場合には，グルコースやアミノ酸などの栄養素のほかに，細胞の増殖に必要な物質を含んだウシの血清などを加えたものを培養液として用いる。

ラットの胎児由来の細胞を用いて，以下のような実験を行った。

実験1　シャーレに栄養素のみの培養液，栄養素とウシの血清を2%または10%加えた培養液を入れ，それぞれに同じ数の細胞を加え，その後の増殖の様子を観察したところ，図1に示すような結果が得られた。

実験2　血清を10%含む条件下で，実験1と同様に培養し，増殖が止まった細胞の培養液を，血清を10%含んだ新しい培養液と取り替えると，細胞はさらに増殖した(図2中のx，y)。

実験3　実験2と同じ条件の操作をくり返したところ，新しい培養液と取り替えても細胞の増殖はみられなくなった(図2中のz)。

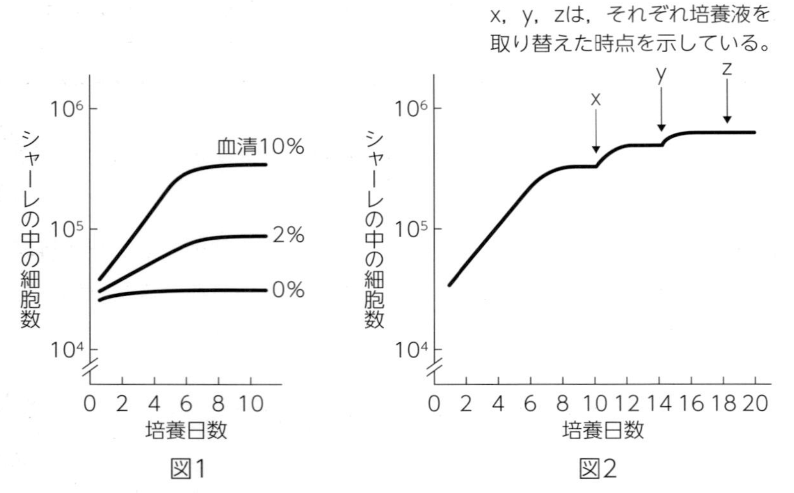

図1　　　　図2

実験4　実験3で増殖しなくなった細胞群を適当な処理で一つ一つになるように解離し，希釈して，血清を10%含む培養液を入れた新しいシャーレに移したところ，再び増殖を始めた。

問1　実験1と実験2の結果から考えて，実験1で細胞の増殖が止まったことに関する記述として最も適当なものを，次の①～④のうちから一つ選べ。

① 血清が2%の条件で細胞の増殖が止まったとき，シャーレにはそれ以上細胞が増殖できる空間は残っていない。

② 血清が2%の条件で細胞の増殖が止まったとき，血清を10%含んだ新しい培養液と取り替えても，細胞の増殖はみられない。

③ 血清が10%の条件で細胞の増殖が止まったのは，シャーレにそれ以上細胞が増殖できる空間がなくなったためである。

④ 血清が10%の条件で細胞の増殖が止まったのは，血清中の増殖

に必要な物質を使い切ったためである。

問2　実験１～実験４の結果から考えられる記述として最も適当なものを，次の①～④のうちから一つ選べ。

① 細胞は，培養液を取り替える操作をくり返すと，老化して増殖能力を失う。

② 細胞は，密度が高くなると，老化して増殖能力を失う。

③ 細胞は，密度が高くなると，血清中の増殖に必要な物質が十分にあっても増殖を停止する。

④ 細胞は，一つ一つになるように解離して新しいシャーレに移すと，血清中の増殖に必要な物質がなくても増殖を開始する。

（センター試験　本試験）

次から次へと考察問題が攻めてきますねぇ…（笑）

伊藤先生が…お腹空いてしんどそうにしています！　どうやったら伊藤先生は元気になると思いますか？　好きな音楽を聴いたら元気になりますか？

音楽を聴いてもだめですよ。お腹が空いているなら，ご飯を食べなきゃ。

そのとおり！　**原因となっている条件を改善すれば，問題は解決する！**　当たり前のことなんだけど，このことを意識して問題を読んでいくとスッキリすると思います。

問1　**実験1**において，2％の血清を用いた場合，細胞数が約10^5個になったところで増殖が止まっています。しかし，10％の血清を用いた場合にはもっと細胞数が増えていますね。2％の血清を用いて細胞数が一定になったとき…，もう少し血清を加えてやれば，細胞は増殖できるんです。つまり，細胞数が一定になってしまった原因は「空間がなくなったから」ではなく「血清（←厳密には血清中の物質）がなくなったから」です。また，**実験2**において10％の血清を用いて細胞数が一定になった際に，血清を追加すれば細胞数がまだ増加できています。ということは…，**実験1**で10％の血清を用いた場合もやはり血清がなくなったことが原因で細胞の増殖が止まったということです。

第6章　「考察力」をアップするスペシャル講義

問2　**実験3**ではいよいよ「血清を追加してもこれ以上細胞数が増えない」という状態になります。つまり，血清がなくなったことが原因ではないというレベルまで細胞数が増えてしまったんですね。では，細胞数が増えなくなった原因は何でしょう？

実験4の「増殖しなくなった細胞群を適当な処理で一つ一つになるように解離し，希釈して，血清を10%含む培養液を入れた新しいシャーレに移したところ，再び増殖を始めた」という実験結果がポイントのような気がします！

鋭いね！　**実験4**のこの実験結果から，①と②にあるような「細胞が老化して増殖できなくなっている」というわけではないということがわかります。希釈すれば再び増殖するんだから，**実験3**で細胞数が一定になった理由は「密度が高くなっていたこと」とわかりますね。そう，原因となっている条件を改善すれば，問題は解決する！

例題30の解答　**問1**　④　　**問2**　③

最後は共通テストで出題が増加していくであろう「**実験設計問題**」だ！　「○○を証明するためにはどのような実験を行えばよいでしょうか？」というタイプの問題の対策をしよう！

実験設計問題を攻略するためには，実験を読み取るタイプの問題(←センター試験の過去問など)を丁寧に解くことが重要になります。ただ正解したかどうかではなく，問題をじっくり分析することです！

「この実験は何のために行ったのかな？」，「問題中の『なお，○○○であるものとする』という表現は何のために書かれているの？」，「実験のこの条件がないとどうしてダメなのかな？」というように，**実験について骨の髄までしゃぶりつくす**んです！

さらに，教科書に載っている探究活動も単に結果を覚えるのではなく，「何のための操作なのか？」，「なぜその順番で操作をするのか？」などまで検討しましょう！　ここでは実践的な問題を用いて実験設計問題の注意点やルールを教えていきます。

実験するのは好きだけど，実験問題は苦手…。がんばります!!

例題 31

ネズミの甲状腺を除去し，10日後に調べたところ，除去しなかったネズミに比べて代謝の低下がみられた。また，血液中にチロキシンは検出できなかった。除去手術後5日目から，一定量のチロキシンを食塩水に溶かして5日間注射したものでは，10日後でも代謝の低下は起こらなかった。この結果から，チロキシンは代謝を高めるようにはたらいていると推論した。

「チロキシンは代謝を促進する」という推論を証明するためには，他にも対照実験群を用意して比較観察する必要がある。最も必要と考えられる実験群を，次の①～⑤のうちから一つ選べ。

① 甲状腺を除去せず，チロキシンを注射しない群
② チロキシン注射に加えて，除去手術後5日目に甲状腺を移植する群
③ 除去手術後5日目から，この実験に用いた食塩水だけを注射する群
④ この実験に用いた食塩水と異なる種類の溶媒に溶かしたチロキシンを除去手術直後から注射する群

(センター試験　本試験)

どの群も必要に思えてしまいます……

設問文だけを読んで，本当～に「チロキシンは代謝を促進する」と断言できますか？　本当～～に他の可能性はありませんか？　絶対に？　例えば…「注射した食塩水がすごいはたらきをもっていた」とか，「注射の針が怖くて代謝が活性化した」とか！

「揚げ足取り」みたいですね。ちょっと性格が悪い感じがします！

こういう**揚げ足取りみたいな仮説であっても，科学的に証明するためにはシッカリと潰しておかないといけない**んですよ！　科学というのはそういうものです！　そこで重要な実験が**対照実験**です。

対照実験というのは，**実験において最も重要な要因を除いて，それ以外は全く同じにして行う実験**のことで，これを行うことで余計な可能性をことごとく吟味したり，潰したりすることができます。

出題者は「チロキシンを食塩水に溶かして注射したら代謝は低下しなかった」という実験を根拠としています。この実験で最も重要な要因は…「チロキシンが体内に入ったこと」ですね。よって，チロキシンが体内に入っていないこと以外は全く同じ実験を行えばOKです。そして，食塩水だけを注射して何も起こらないことを示せれば，「注射の針が…」なんていう仮説はことごとく否定することができます。

例題31の解答　③

②や④のように，元の実験にない新たな操作を追加する実験は，一見すると意味がありそうだけど，仮説を検証するための対照実験にはならないんだ！

例題 32

思　やや難　3分

葉におけるデンプン合成には，光以外に，細胞の代謝と二酸化炭素がそれぞれ必要であることを，オオカナダモで確かめたい。そこで，次のページの処理Ⅰ～Ⅲについて，右の表の植物体A～Hを用いて，デンプン合成を調べる実験を考えた。このとき，調べるべき植物体の組合せとして最も適当なものを，あとの①～⑨のうちから一つ選べ。

	処理Ⅰ	処理Ⅱ	処理Ⅲ
植物体A	×	×	×
植物体B	×	×	○
植物体C	×	○	×
植物体D	×	○	○
植物体E	○	×	×
植物体F	○	×	○
植物体G	○	○	×
植物体H	○	○	○

○：処理を行う，×：処理を行わない

処理Ⅰ　温度を下げて細胞の代謝を低下させる。
処理Ⅱ　水中の二酸化炭素濃度を下げる。
処理Ⅲ　葉に当たる日光を遮断する。

① A，B，C　② A，B，E　③ A，C，E
④ A，D，F　⑤ A，D，G　⑥ A，F，G
⑦ D，F，H　⑧ D，G，H　⑨ F，G，H

（共通テスト　試行調査）

まず，実験の目的を確認しないと，どの実験をやったらいいのかわかりませんね。実験の目的は何だっけ？

デンプン合成に細胞の代謝と二酸化炭素が必要かどうかです。

甘～～いっ（>．<）！

「光以外に」を読み落としとるやん！　本問の実験の目的としては，「デンプン合成（＝光合成）に光が必要なことはもうわかっている！　その上で，細胞の代謝と二酸化炭素が必要なことを証明したい!!」でしょ。

じゃぁ，「日光を遮断する」なんていう実験はやる必要がないんですね！　そうすると，植物体B・D・F・Hは実験する必要がないので……　B・D・F・Hが入っている選択肢を消していくと，あれ？　あれれ～？　先生っ！　③しか残らないです!!

問題の解き方としては理想的です。OKですよ！　一応，正解の選択肢を吟味してみましょう。ここでポイントになるのは…「**条件が1つだけ違う実験どうしを比べることが大事**」という実験の大原則です。

例えば，植物体Aと植物体Gを比べてみましょうか。どうですか？　植物体Aは順調にデンプン合成をして，植物体Gはデンプン合成ができなかったとします。植物体Gがデンプン合成をできなかった原因は？

代謝が低下したことが原因なのか，二酸化炭素が少ないことが原因なのか判断できませんね！

では，植物体Aと植物体Cを比べましょう。植物体Cがデンプン合成をできなかったとすると…

第6章　「考察力」をアップするスペシャル講義

二酸化炭素濃度が高いか低いかの違いしかありませんから，二酸化炭素不足が原因ですね！

対照実験もそうなんだけど，注目している条件だけが異なる実験を比べることで，原因を調べることができるんだね。これは，実験を解釈するタイプの問題にも応用できる発想です！

例題32の解答 

では，ラストの例題行ってみよう！

例題 33

ニワトリの肝臓に含まれる酵素の性質を調べるために，過酸化水素水にニワトリの肝臓片を加えたところ，酸素が盛んに泡となって発生した。この結果から，ニワトリの肝臓に含まれる酵素は，過酸化水素を分解し酸素を発生させる反応を触媒する性質をもつことが推測される。しかし，酸素の発生が酵素の触媒作用によるものではなく，「何らかの物質を加えることによる物理的刺激によって過酸化水素が分解し酸素が発生する」という可能性 [1]，「ニワトリの肝臓片自体から酸素が発生する」という可能性 [2] が考えられる。可能性 [1] と [2] を検証するために，次のⓐ～ⓕのうち，それぞれどの実験を行えばよいか。その組合せとして最も適当なものを，あとの①～⑨のうちから一つ選べ。

ⓐ　過酸化水素水に酸化マンガン(Ⅳ)* を加える実験
ⓑ　過酸化水素水に石英砂 ** を加える実験
ⓒ　過酸化水素水に酸化マンガン(Ⅳ)と石英砂を加える実験
ⓓ　水にニワトリの肝臓片を加える実験
ⓔ　水に酸化マンガン(Ⅳ)を加える実験
ⓕ　水に石英砂を加える実験

* 酸化マンガン(Ⅳ)：「過酸化水素を分解し酸素を発生させる反応」を触媒する。

** 石英砂：「過酸化水素を分解し酸素を発生させる反応」を触媒しない。

	可能性[1]を検証する実験	可能性[2]を検証する実験
①	ⓐ	ⓓ
②	ⓐ	ⓔ
③	ⓐ	ⓕ
④	ⓑ	ⓓ
⑤	ⓑ	ⓔ
⑥	ⓑ	ⓕ
⑦	ⓒ	ⓓ
⑧	ⓒ	ⓔ
⑨	ⓒ	ⓕ

（センター試験　本試験）

まず，実験の目的をチェック！

可能性[1]は「過酸化水素水に何かモノが入った衝撃で酸素が発生したんだろ！」という，まさに揚げ足取りだね。

この仮説を否定するには，「何か入れただけで酸素は発生しないよ！」ということを示せばよい。ということは，ⓑを行って，酸素が発生しないことを示せばよいね。

続いて，可能性[2]は「過酸化水素から酸素ができたんじゃないよ！　肝臓から酸素が出たんだよ！」という，なかなかスゴい仮説ですね。過酸化水素がない条件で肝臓片を入れて，酸素が発生しないことを示せば OK です。

例題33の解答　④

さくいん

本書の重要語句を
中心に集めています。

あ

い

う

え

お

か

き

く

し

す

せ

そ

た

ち・つ

て

と

な・に・ぬ

ね・の

は

ひ

ふ

へ・ほ

ま・み・む

め・も

や・ゆ・よ

ら

り

れ・ろ

わ

伊藤　和修（いとう　ひとむ）
駿台予備学校生物科専任講師。
派手なシャツを身にまとい，小道具（ときに大道具）を用いて行われる授業のモットーは「楽しく正しく学ぶ」。毎年「先生の授業のおかげで生物が好きになった」という学生の声が多く寄せられる。また，高等学校教員を対象としたセミナーなども多くこなしている。
著書は『大学入学共通テスト　生物の点数が面白いほどとれる本』（KADOKAWA），『改訂版　日本一詳しい　大学入試完全網羅　生物基礎・生物のすべて』（共著 KADOKAWA），『体系生物』（教学社），『生物の良問問題集［生物基礎・生物］』（旺文社），『生物基本徹底48』（共著 駿台文庫）など多数。

大学入学共通テスト
生物基礎の点数が面白いほどとれる本

2020年６月26日　初版　第１刷発行
2022年６月30日　　　　第９刷発行

著者／伊藤　和修

発行者／青柳 昌行

発行／株式会社KADOKAWA
〒102-8177　東京都千代田区富士見2-13-3
電話　0570-002-301（ナビダイヤル）

印刷所／図書印刷株式会社

●お問い合わせ
https://www.kadokawa.co.jp/（「お問い合わせ」へお進みください）
※内容によっては、お答えできない場合があります。
※サポートは日本国内のみとさせていただきます。
※Japanese text only

定価はカバーに表示してあります。

ISBN 978-4-04-604209-5　C7045